LO QUE ES VERDAD

Carolin Emcke (1967) estudió Filosofía en Londres, Frankfurt y Harvard. Escribió su tesis doctoral sobre el concepto de «identidades colectivas». De 1998 a 2014 viajó como periodista para informar sobre conflictos en todo el mundo. En el curso 2003-2004 fue profesora visitante en la Universidad de Yale, donde impartió clases de Teoría Política. Actualmente participa de forma habitual como filósofa y periodista en proyectos artísticos y eventos culturales, entre ellos, las jornadas temáticas «Contar la guerra» y «Archivo del refugio», celebradas en la Casa de las Culturas del Mundo de Berlín. Desde hace casi veinte años, Carolin Emcke organiza y modera un espacio de debate mensual titulado «Streitraum» en el teatro Schaubühne de Berlín. Sus libros *Contra el odio, Modos del deseo, Ja heißt ja und…* se han traducido a ¡más de quince idiomas!

Ha recibido, entre otros, el Premio Merck de la Academia Alemana de Lengua y Literatura (2014), el Premio de la Paz de los Libreros Alemanes (2016) y el Premio Carl von Ossietzky (2020).

CAROLIN EMCKE

LO QUE ES VERDAD

Sobre la violencia
y el clima

Ciclo de conferencias
de Wuppertal 2023

Traducción de
Irene Jové Blaya

Papel certificado por el Forest Stewardship Council®

Título original: *Was wahr ist. Über Gewalt und Klima*

Primera edición: mayo de 2025

© 2024, Wallstein Verlag GmbH, Göttingen
Derechos negociados a través de Ute Körner Literary Agent - www.uklitag.com
© 2025, Penguin Random House Grupo Editorial, S. A. U.
Travessera de Gràcia, 47-49. 08021 Barcelona
© 2025, Irene Jové Blaya, por la traducción

Diseño de la colección: PRHGE/Nora Grosse

Printed in Spain – Impreso en España

ISBN: 979-13-87600-05-1
Depósito legal: B-4.744-2025

Compuesto en La Nueva Edimac, S. L.
Impreso en Huertas Industrias Gráficas, S. A.
Fuenlabrada (Madrid)

C 6 0 0 0 5 1

Para Eva Gilmer

Índice

Este lenguaje lo que busca es precisión, pese a la indispensable versatilidad de la expresión. No transfigura, no «poetiza», sino que nombra y afirma. Intenta medir el campo de lo dado y de lo posible [...]. La realidad no existe. La realidad hay que buscarla y ganarla.

PAUL CELAN,
respuesta a una encuesta de la
Librairie Flinker. París, 1958

Prólogo

No narramos solo para nosotros mismos. Siempre narramos para aquellos que nos precedieron y que ya no pueden hacerlo. Narramos para recordarlos, narramos para recordarlos de manera diferente a como querían que se los recordase quienes los negaron y los mataron: como seres humanos.

Narramos también para quienes vengan después de nosotros y se pregunten cómo pudo suceder lo que habrá sucedido. Narramos para responder a las preguntas que aún no han hecho: qué hemos intentado, en qué hemos fracasado, quiénes queríamos ser.

Como narradores, se tiene que poder confiar en nuestras palabras. Esto implica más responsabilidad y compromiso de lo que parece.

Como narradores tenemos que rendir cuentas. No solo de lo que escribimos, sino también de nosotros mismos. Quiénes somos, qué estamos dispuestos a entender como verdadero, de qué modo estamos involucrados en las situaciones de violencia y las crisis climáticas, por qué hablar y escribir no siempre nos resulta fácil: todo esto debe considerarse y narrarse.

En las dos conferencias de Wuppertal quería reflexionar sobre las condiciones de la narración frente a la violencia y el clima. Durante muchos años de mi vida he informado y escrito sobre zonas en conflicto. Eso sucedió hace mucho tiempo. Pero la reflexión sobre el resentimiento y la violencia todavía impregna todos mis ensayos y libros. En cambio, la crisis climática no me había llamado la atención hasta los últimos cinco o diez años. Al hacerlo, resultó importante para mí conectar ambos contextos narrativos, la violencia y el clima.

Las conferencias son textos hablados. Tienen que poder leerse en voz alta. Necesitan un sonido propio, un ritmo propio, se relacionan de forma diferente con el público. Cuando se publican discursos o conferencias en forma de texto suele perderse algo. He hecho algunos retoques a los manuscritos de las conferencias con la esperanza de que no se haya perdido el tono original. Aparte de esto, entre el momento en que me invitaron a Wuppertal y la entrega de este texto ocurrieron los hechos del 7 de octubre, la cesura de los terribles ataques de Hamás en Israel y la posterior escalada de violencia en Gaza. Después, todo se desbocó. Era difícil seguir escribiendo. Pero las cuestiones de la verdad, la utopía y la ética de la narración tratadas aquí no han perdido su urgencia. Al contrario.

Durante estas tristes semanas ha quedado demostrado una vez más hasta qué punto dejan huella el trauma y la violencia, cómo deterioran la confianza en el mundo y, en consecuencia, nuestra capacidad de dialogar.

Y, pese a todo, sigo creyendo que somos seres lingüísticos. Solo podemos entendernos a nosotros mismos y comprender el mundo en el lenguaje y a través del lenguaje. Y por eso espero que, a pesar de todo, este librito se entienda como un alegato a favor de la narración.

CAROLIN EMCKE
Berlín, diciembre de 2023

1. Violencia

Todos los sábados por la mañana, a primera hora, antes de desayunar, sus padres organizaban asambleas con sus hijos y les reclamaban que contestasen a dos preguntas uno por uno: 1. ¿Qué has aprendido que sea cierto? (¿Y cómo lo sabes?) 2. ¿Qué problema tienes?[1]

TONI MORRISON,
La noche de los niños

Este es un buen punto de partida.

«Todos los sábados por la mañana...». Reflexionar sobre lo que es verdad es un ejercicio constante, no es algo que se pueda preguntar y resolver una sola vez. La reflexión sobre lo que es verdad debe repetirse, a ser posible debe considerarse de nuevo lo que en el pasado se aprendió como verdadero, plantearlo de nuevo, examinarlo de nuevo, aprenderlo de nuevo.

Todos los sábados por la mañana, como en el relato de Toni Morrison, o con otra frecuencia; lo importante es que la reflexión sobre lo que es verdad está inconclusa.

«... sus padres organizaban asambleas...». La reflexión sobre lo que es verdad es dialógica; es de gran ayuda que haya otros con quienes discutir conjuntamente qué es verdad, y eso significa que la respuesta sobre qué es verdad no debe encontrarla cada uno por su cuenta, sino que cada uno debe exponer sus argumentos ante otros.[2]

«¿Qué has aprendido que sea cierto?». Lo que es verdad debe aprenderse, no es algo que venga dado, no es obvio; lo verdadero quiere ser descubierto, cuestionado, entendido, comprendido. Lo que es verdad solo puede entenderse aprendiendo por qué es verdad, qué argumentos hay a favor de que pueda ser verdad. Y los argumentos a favor de que sea verdad solo pueden entenderse preguntando qué argumentos podría haber en contra de que lo sea. La reflexión sobre lo que es verdad requiere que haya duda, escepticismo, requiere pasar la prueba del cuestionamiento crítico de si las propias presunciones, las propias conjeturas, los propios motivos son lo suficientemente buenos.

Así pues, quien quiera reflexionar sobre lo que es verdad necesita humildad.

Quizá esto, por encima de todo, sea lo más existencial para mí: esa escritura que no quiere inventar, que no quiere solo opinar, que no quiere mentir; esa narración que no quiere servirse de la propia imaginación, sino que quiere abordar la realidad; el testimonio narrativo de lo que está pasando o de lo que ha pasado requiere humildad.

+ + +

Ustedes me han invitado a hablar sobre la narración fáctica, supongo que porque mi propia escritura ha girado durante mucho tiempo en torno al desamparo de la muerte y la destrucción, y porque el testimonio de la violencia y de la privación de derechos, de las monstruosidades de las que son capaces los seres humanos, constituye una forma especial de narración.

Por eso, en la primera conferencia me gustaría comenzar con la cuestión de la verdad y la violencia.

El «material», la sustancia, los escenarios y las experiencias que trato de reflejar en la mayoría de mis textos son a menudo limitantes y limitados en términos literarios. Y de este material limitado resulta, de modo casi imperativo, una forma, tal vez incluso una actitud más que un género, que se opone a una determinada concepción de la literatura.

En primer lugar, porque se trata de narración fáctica, es decir, de aquella narración que debe cuestionar si algo puede entenderse como verdadero o real. Ahora bien, el concepto de verdad es un problema filosófico. Y la pregunta sobre qué se considera real y qué se considera construido es controvertida. Resulta más fácil definir la narración fáctica diciendo lo que no es. No es ficción. Es aquella narración que no se nutre de la propia imaginación. Trabaja a partir del material que se corresponde con algo de la realidad.[3] Se refiere a algo de lo que se pueden buscar pruebas, rastros e indicios que demuestren ser lo más rotundos y sólidos posible.

«Preguntarse qué es la verdad es preguntarse qué significa que algo sea exacto o saber bien cómo son las cosas».[4]

Esto impone restricciones creativas a la escritura: el deseo de narrar no debe inducir a la imaginación. No se premia el arte de la invención creativa, sino que cada palabra, cada frase, exige que estas afirmaciones «sean ciertas», que una cosa se comporte tal como se está relatando.

Esto no solo requiere disciplina, sino también cuestionar con escepticismo qué expectativas sociales o culturales podrían filtrar o decantar inconscientemente nuestra propia percepción, cuestionar lo que solo quiere ser visto u oído como verdadero porque resulta familiar, porque se puede relacionar con algo que ya se ha vivido, visto o pensado. Registramos antes lo que confirma nuestras expectativas que aquello que las contradice. El mantra

20

de la observación distanciada aún puede recitarse de buena fe. Una configuración opaca y confusa de influencias y prejuicios, pero también de competencias afectivas, facilita o dificulta la percepción.

Especialmente en las zonas en conflicto, la compasión por una persona o un grupo en situación desesperada a veces conduce a una voluntad de creer por empatía o, por el contrario, la aversión idiosincrásica hacia una persona desagradable lleva a una voluntad de no creer. Esto ocurre a menudo de forma imperceptible e intuitiva. Es necesario entonces interrogarse sobre lo que nos sucede y cómo nos afecta. Hay que reflexionar por igual sobre lo probable y lo improbable, lo obvio y lo contraintuitivo. Esto no excluye una actitud benévola hacia los demás, ni excluye la compasión.

En la famosa pintura de Caravaggio *La incredulidad de santo Tomás* hay un detalle conmovedor. En el relato bíblico, Tomás no quiere aceptar sin más la aparición de la que le hablan los otros discípulos. Él quiere ver al Señor resucitado por sí mismo. Quiere ver y tocar las marcas de la crucifixión en el cuerpo de Jesús. «Si yo no veo en sus manos la señal de los clavos, ni meto mi dedo en el lugar de los clavos, y mi mano en su costado, no creeré» (Juan 20, 24-29). En la historia, Tomás se presenta como un ejemplo negativo de una fe débil (Jesús le dijo: «Tomás, has creído porque me has visto.

Bienaventurados los que no vieron y creyeron»). La fe verdadera ha de sostenerse sin pruebas. La fe verdadera no cuestiona. A Tomás se lo amonesta por querer cerciorarse, porque quiere ver y tocar por sí mismo, porque necesita razones para confiar en lo que le han contado.

En la pintura, Tomás no solo toca la herida abierta, sino que incluso mete el dedo en su interior. Caravaggio pinta a Tomás como una figura más humilde que las demás, lleva una camisa rasgada en un lado y, además, su mano está sucia. Mientras que los dedos de Jesús se representan limpios y brillantes, podemos apreciar un poco de suciedad bajo las uñas de Tomás. Al parecer, el incrédulo Tomás debía mostrarse con una apariencia más tosca. Lo que aquí encierra una connotación despectiva, esas uñas aún sucias por el trabajo, a mí me resulta especialmente interesante. Para mí, eso significa que si se quiere entender algo, si se quiere cuestionar algo, hay que ensuciarse las manos. Si se quiere identificar lo que es verdad, hay que ser exigente con uno mismo y con los demás.

Entender requiere trabajo. Un trabajo que se va comprendiendo, ampliando, corrigiendo y profundizando. Para ello se necesita tiempo. A veces también se necesita coraje. El coraje de no estar de acuerdo, de no estar convencido, de no adaptarse a lo que se espera de nosotros,

22

a lo que debemos pensar o creer. Quien quiera narrar lo que es verdad debe saber que más tarde tendrá que ser capaz de responder por ello con su propia persona, su propio cuerpo, su propio texto.

Y para poder responsabilizarme de mis palabras tengo que poder preguntar. Ahora, mientras reviso este texto para la imprenta, se vive un episodio de terrible violencia en Oriente Próximo. Presenciamos cómo las acusaciones mutuas, las sospechas mutuas y los resentimientos mutuos distorsionan y contaminan el discurso público. La empatía universalista parece tan difícil para algunos como esa comprensión que se esfuerza, que se ensucia los dedos para buscar la verdad. Incluso en este momento tan desesperado de terror y guerra en Israel y Gaza es necesario interrogar con calma. Preguntar y querer entender no significa tomar partido. Preguntar no significa renunciar a la compasión. Debemos tener cuidado de no considerar superflua o tendenciosa de por sí –ya sea por simpatía con uno u otro bando, por dolor y rabia debido a lo que ha sucedido y sigue sucediendo– la pretensión de comprender o incluso la búsqueda de lo que es verdad. Antes bien, debemos tocar una y otra vez el borde de la herida con el dedo, o incluso meterlo dentro, y preguntar: «¿Esto es verdad?».

Preguntar significa buscar indicios y pruebas que sean sólidos, que puedan proporcionar información fiable, por ejemplo, sobre las víctimas del bombardeo del 17 de octubre en el aparcamiento del hospital cristiano al-Mustašfā al-ahlī al-ʿarabī de Gaza. Hasta ahora, hay varias investigaciones sobre quién es el responsable de este terrible bombardeo o explosión, hay análisis contradictorios, hay investigaciones oficiales y extraoficiales, periodísticas y no periodísticas; algunas no solo corrigen a otras, sino también a sus propias estimaciones anteriores. Es preciso investigarlo. Preguntar e investigar no está al servicio de una u otra parte, sino que se pone al servicio de la búsqueda de la verdad. Con ello, además, se muestra respeto a las víctimas. Buscar pruebas e indicios no significa negar la compasión. Al contrario, esta búsqueda es compasión.

Sin duda, en la guerra hay acciones y acontecimientos que no es posible esclarecer de modo definitivo. Con demasiada frecuencia, la búsqueda de la verdad se obstaculiza, se entorpece y se tergiversa intencionadamente. Con demasiada frecuencia, todas las investigaciones conducen a un juicio que solo argumenta sirviéndose de probabilidades. Lo que nos queda entonces es comprobar en cada caso si los argumentos e indicios son suficientes para descartar dudas razonables. Es todo lo que tenemos.

+ + +

Cualquiera que escriba sobre paisajes de muerte y destrucción, que hable de cómo la violencia destroza a las personas, debe reflexionar sobre el concepto de testimonio. No el testimonio religioso que confirma milagros (como el escéptico Tomás), tampoco el testigo legal que testifica como tercero no implicado en un juicio ante el tribunal por ser una entidad presuntamente neutral. Entonces ¿en qué consiste esta forma de testimonio que trata sobre la experiencia extrema de la privación de derechos y la violencia?

La primera distinción que hay que hacer es entre afectados y observadores. Ambos grupos podrían entenderse como testigos, pero son categóricamente diferentes. Están quienes se han convertido en víctimas, que han experimentado y sufrido la violencia, cuyos seres queridos han sido torturados y asesinados, están quienes han sobrevivido, quienes, por mucho que hayan sufrido, «siguen con vida». Son testigos internos, personas que, desde el oscuro núcleo de la aniquilación, de los campos y de las cárceles, pueden hablar de la huida y de la destrucción. Son testigos que conocen «el sufrimiento como conocimiento experiencial», según lo llamó una vez Avishai Margalit.[5]

Por supuesto, los testigos internos también pueden pertenecer al bando de los perpetradores. Estos pueden informar desde dentro de la violencia porque formaban parte de ella, porque tomaban parte, porque pensaban que tenían razón, porque obedecían órdenes voluntariamente, porque disfrutaban violando y torturando a personas indefensas, porque fueron esclavizados de niños y los obligaron a incorporarse a milicias o ejércitos. Esto también es ser testigo. También estos son testigos internos. Sin embargo, es menos frecuente escuchar sus relatos.[6] Al igual que con las víctimas o los supervivientes, estos relatos necesitan una contextualización clasificatoria: ¿dónde se habla? ¿En qué marco, un espacio protegido o un proceso penal público? ¿Existen grabaciones clandestinas y escuchas telefónicas que ignoran los que hablan? ¿A quién sirve el testimonio, a la justicia social o a una venganza personal? ¿Se busca exculpar o minimizar los propios crímenes?

Todas estas son preguntas que hay que tener en cuenta.

Mi propia escritura en el contexto de la guerra y la violencia estaba (y sigue estando) llena de testimonios de supervivientes. Sus experiencias desde dentro deberían ocupar el centro de la narración, complementadas y constatadas por las impresiones y experiencias propias. Cuando se viaja a zonas en conflicto no solo se trata de las impresiones visuales ni de los lugares, las ciudades o los paisajes. No solo se trata de las topografías de la violencia ni de las escenas del crimen, los domicilios particulares o las

26

cárceles. Lo más importante son los encuentros y las conversaciones con las personas, las víctimas civiles, los supervivientes. Aquellas personas que no fueron escuchadas, que no contaban, a las que se negó como individuos, atrapadas por la violencia, expulsadas y ninguneadas. Hablar con ellas, escucharlas, acoger sus palabras sirve a un doble propósito: por supuesto, la búsqueda de lo que ha sucedido, pero también la rehumanización de las personas a las que se les ha negado su humanidad.

+ + +

Existe una larga tradición de dudar de la credibilidad de los testigos internos. Desacreditar la autoridad epistémica de los supervivientes, paradójicamente, por el hecho de haber vivido y sufrido algo en sus propias carnes. Su conocimiento experiencial queda descalificado, su capacidad para abordar con objetividad los acontecimientos históricos que han experimentado de primera mano se descarta como «afectado» y, por tanto, «sesgado». Esto constituye una forma propia de injusticia testimonial, como Miranda Fricker analiza con maestría en *Injusticia epistémica*.[7]

Esto ya lo vivieron muchos de los supervivientes del Holocausto, cuyo testimonio para la investigación histórica se desestimó desde el punto de vista científico. La historiadora y directora del Centro de Documentación para el

Nazismo, Mirjam Zadoff, describe en *Gewalt und Gedächtnis* [«Violencia y memoria»] cómo los historiadores que habían huido al exilio –Raul Hilberg, Fritz Stern o George L. Mosse– fueron tratados con absoluto menosprecio en los años de posguerra en Alemania. «A los historiadores refugiados [se les imputó que], a causa de su "largo distanciamiento del suelo alemán", no eran capaces de informar objetivamente sobre la época del nacionalsocialismo. Se decía que albergaban resentimientos que "no son un caldo de cultivo favorable para una historiografía objetiva y serena"».[8] Esto es de una perfidia impresionante. Como si aquellos que tenían una relación de complicidad con el nacionalsocialismo o los descendientes de la comunidad de perpetradores pudiesen ser más «neutrales» en la observación de los acontecimientos históricos. Como si la experiencia de primera mano, la supervivencia de aquellos años en los campos, no fuera una información valiosa. Como si eso no fuera conocimiento.

Para mí, los testimonios internos eran y son, en primer lugar, personas que han experimentado y sufrido algo. Y para mí, escucharlos y tratar de entender sus experiencias forma parte de las prácticas a través de las cuales obtenemos conocimiento.

+ + +

Aquí no se «observa el sufrimiento de los demás», como decía Susan Sontag, aunque se trataba de una formulación poco precisa. Porque ese ensayo se refería a imágenes, fotografías o grabados al aguatinta de *Los horrores de la guerra* de Francisco de Goya. Abordaba las cuestiones de la mirada y la comprensión de la guerra y la violencia a través de las representaciones pictóricas. Eso es distinto del encuentro sin mediación estética con el sufrimiento de los demás, al escuchar, al hablar unos con otros, *in situ*, en contextos violentos, destruidos, inestables, amenazados y peligrosos.

Este sufrimiento no se puede simplemente «observar», sino que nos desafía. Tengo que comportarme además como interlocutora. No solo como observadora, no solo como escritora, sino también como persona. Se necesita (y se seguirá necesitando) esa distancia sincera que sabe cuál es su papel, que se toma en serio y reconoce lo que no puede hacer, qué cosas no puede prometer, qué preguntas son necesarias para comprender realmente la historia de los demás. Pero por eso sigue siendo ante todo un encuentro humano. El sufrimiento, la tristeza, el dolor, la perturbación, pero también la violencia y la indefensión siguen presentes a su alrededor. Ese estar en medio te afecta de otra manera. Sobre el terreno, en las zonas en conflicto, también hay peligros y amenazas. Tampoco como observadora estoy a salvo. También a mí me pueden atacar, acosar o disparar. Entonces ya no son las experiencias ajenas las que hay que describir, sino las propias.

Siempre se me presenta una doble exigencia: una epistémica y otra ética. Siempre hay dos relaciones en las que tengo que pensar o comportarme: la relación con lo fáctico y la relación con el otro. Hay que preguntarse qué es verdad, cómo sé que es verdad, y hay que tener en cuenta que este conocimiento experiencial que me relatan las personas es para mí un conocimiento «de segunda mano». Esto es algo que debo identificar, indicar y reflexionar siempre en esa fragilidad de la pretensión de verdad. No debo ignorar estos problemas epistemológicos. Debo poner cada cosa en su sitio de forma permanente, tanto a mí misma como los contextos en los que se me cuenta algo.

Y entonces se convierte en una labor ética. Porque en el centro está el encuentro con la otra persona, porque aquí lo más importante es la confianza, esa confianza en el mundo que, para quienes han sufrido maltratos y torturas, como escribió Jean Améry, «se pierde con el primer golpe». La tarea ética para mí como narradora, como testimonio externo, aborda esta ruptura de confianza.

Así pues, ¿qué es lo primero que hay que tener en cuenta?

Este material de trabajo no es el mío, sino que fueron y son las vivencias y experiencias de otras personas. Cualquiera que no escriba desde la perspectiva del superviviente es, ante todo, una persona que escucha, observa, alguien a quien se le confía algo. Es la narración de la narración de otras personas. No de las experiencias de cualquier otra persona, sino de personas que han sido víctimas de la violencia, que han tenido que emigrar, cuyos hogares o tierras han sido devastados y destruidos, personas que han sido explotadas, esclavizadas, maltratadas o que están desnutridas, personas cuyas familias han sido asesinadas, personas a las que no se ha escuchado durante mucho tiempo, personas que tal vez no hayan hablado con nadie durante mucho tiempo. Son sus experiencias de violencia las que estoy narrando.

Esto solo tiene una ventaja. No se plantea la pregunta existencial con la que lidian infinidad de escritores: ¿para qué escribir? Nadie que haya asistido a un funeral en Đakovica o Medellín, que haya estado alguna vez en un campo de refugiados, en una celda de prisión, en el quirófano de un hospital poco equipado en Kabul o en Jan Yunis, Puerto Príncipe o Erbil, que haya escuchado a la gente en uno de estos lugares, se pregunta: ¿para qué escribir? El interlocutor responde a esta pregunta por ti. Quizá el único lujo de estas situaciones es que la escritura no surge como un privilegio excedentario, sino como una necesidad incuestionable. Es necesario escribirlo.

¿Quiénes seríamos si no escribiéramos ante el dolor ajeno? ¿Quiénes seríamos si dejáramos que esto sucediera, si esto fuera verdad sin que lo describiéramos? ¿Si dijéramos «sin novedades en el frente», si lo aceptáramos sin mencionarlo, sin denunciarlo, sin lamentarlo? No escribir significaría hacerse cómplice, declararse de acuerdo con la violencia; callar equivaldría a considerar como normal, como habitual lo que ha sucedido, lo que se le ha hecho a alguien. ¿Quiénes seríamos si supiéramos lo que ha sucedido y lo que sigue sucediendo, si conociéramos el sufrimiento de los demás, si oyéramos hablar de ello, si viéramos su miedo, sus heridas, sus cuerpos maltratados, su lenguaje destrozado y no lo encontráramos digno de mención?

No. Es necesario describirlo.

Sin embargo, antes de que algo pueda convertirse en texto, debe haber un encuentro con una persona, y esa persona debe estar de acuerdo y querer que sus experiencias se registren y se describan. Esto no es ninguna obviedad. No es una cuestión puntual, sino un proceso. Por lo general, todo comienza con un encuentro casual, en la calle, en el campo, junto a un río, entre escombros, entre tumbas, entre cuerpos heridos. Tal vez con una invitación a sentarse, tal vez con una taza de té, se inicia una conversación. Y eso significa para mí, siempre y en cualquier circunstancia, presentarme como alguien que escribe. Nunca y bajo ningún concepto lo mantengo en secreto. El que quiera saber lo que es verdad, el que quiera escribir sobre lo que ha sucedido, tampoco debe mentir sobre su propio papel. Muy a menudo surge la petición «¿Puedes apuntar esto?». Pero, si no se solicita explícitamente, hay que preguntar si pueden tomarse notas, si puede mencionarse el nombre. Esto último no es necesario. El encuentro es valioso por sí mismo, la conversación es, en todos los casos, un regalo de confianza. Nunca puede considerarse únicamente como material, como una fuente, una información. Se trata de una persona que tiene algo que decir.

Son y siguen siendo las impresiones y vivencias de los demás, y eso significa que nada de ello me pertenece.

Es muy fácil decirlo. Pero se trata de algo importante.

Porque ya aquí emerge un conjunto inabarcable e hipercomplejo de imperativos éticos que preceden a todos los parámetros estéticos. No puedo disponer libremente de este material. No me pertenece. Pertenece a otros. Son sus vidas, sus dolores, sus cuerpos malheridos, sus bodas bulliciosas, sus anhelos, sus narraciones lo que ponen en mis manos para que yo los registre, los acoja, los haga míos a través de mi lenguaje, en mis textos, sin realmente adueñarme de ellos.

Describir las experiencias de los demás significa familiarizarse con ellas como si fueran propias y, sin embargo, dejarles esa autonomía que las identifica precisamente como experiencias de otra persona. Desde el punto de vista ético, hay un gran abismo entre una cosa y la otra.

Significa tener muy claro lo que es la voz y lo que es la perspectiva, es decir, saber siempre y mantener bien definido quién eres y quién no eres, permanecer en tu propia piel todo el tiempo y, a la vez, ser capaz de pensar y sentir como la otra persona. Significa ser consciente en todo momento de quién es la persona que cuenta y quién la persona sobre la que se cuenta. Esto requiere además ser consciente de mi propia posición como mujer blanca y europea, y de mi propia historia de violencia. Significa preguntarse con qué experiencias previas, con qué desconfianza justificada o con qué miedo podrían percibirme también a mí. Esto siempre forma parte del acercamiento a otras personas: reflexionar con qué gestos, con qué palabras, con qué presencia evoco experiencias pasadas de desconsideración o de desprecio, de humillación o de vejación. Todo ello implica una reflexión crítica constante sobre la pretensión de «hablar en nombre de los demás».

Sin embargo, en mi caso es asimismo importante ser consciente de lo que significa viajar como persona homosexual, como persona *queer*, a sociedades en las que no se nos concede voz propia, en las que somos criminalizadas, encarceladas y violadas, excluidas o ejecutadas. No tengo automáticamente una posición ventajosa, no gozo de un estatus privilegiado. A menudo he estado en contextos en los que, como mujer y como homosexual, normalmente no se me concede ningún lugar público, ningún derecho, ninguna protección. Tal vez, como extranjera, se me conceda algo que de otro modo nunca se concedería a los demás. Pero como persona *queer* apenas logro hacerme visible.[9]

Por lo tanto, siempre es necesario reflexionar también sobre las disposiciones asimétricas de poder o impotencia que prefiguran estos encuentros y narraciones. El papel desde el que puedo hablar y escuchar como persona *queer* es precario. Lo que soy y quién soy no está previsto, es inefable, inconcebible, imposible. Tal vez haya momentos y encuentros en los que pueda mostrarme, pero hay que considerarlo. Puede ser cuestión de vida o muerte no cometer ningún error en este sentido, no solo para mí, sino también para aquellos que trabajan y viajan conmigo.

Tal vez sea la experiencia *queer* de la vulnerabilidad, de los eternamente amenazados, la que me une a los que me confían sus vidas. Como persona *queer*, sé lo valioso que es poder confiar, lo indispensable que es poder hablar libremente, sin miedo a poder revelar, poder mostrar el propio cuerpo, el propio deseo, no tener que ocultar nada por vergüenza o protección. Tal vez por eso sé lo volátiles que son los momentos en los que alguien puede expresarse.

Respetar las experiencias como experiencias de otra persona, es decir, ser consciente en todo momento, mientras se escribe, de que este material solo me ha sido confiado a mí y que esa confianza solo puede resultar justificada *a posteriori*, en y a través del texto, requiere, aunque pueda sorprender de entrada, discreción. Quien quiera narrar de forma ética ha de ser capaz de callar. Quien quiera contar las experiencias de violencia ajenas debe poder omitirlas y prescindir de ellas.

Incluso si alguien pide de antemano que se le permita contar sus propias experiencias, incluso si mis notas, mi escritura y narración se declaran deseables de antemano, en el encuentro directo, en el espacio de conversación ya abierto, a veces se pierde la conciencia de a quién se le está contando. A veces soy yo el centro de atención, soy la persona con la que se crea un clima de confianza. Otras veces solo soy la receptora de un relato. A veces ni siquiera se me cuenta a mí realmente. Quizá la narración surja sin destinatarios. A veces se pierde el control de la decisión sobre lo que se quiere contar, a mí y a todos los que no están presentes, al público posterior.

¿Por qué?

En alguna ocasión es la primera vez que una víctima de la violencia intenta dar testimonio desde dentro, es decir, hablar de ello. La experiencia aún no se ha trasladado a la estructura de un relato terminado (tal vez este sea precisamente un motivo para confiárselo a otra persona). Todavía no tiene una «trama» definida. Aún no se ha consolidado. Aún no se ha establecido qué lugar ocupa cada parte. Qué explicación hay que darle a alguien como yo, a quien nunca han obligado a meterse desnuda en un barril lleno de anguilas, que no sabe cuánto tiempo tardan las plantas de los pies en recuperarse de los azotes antes de poder andar de nuevo, que nunca ha tenido que inclinar la cabeza hacia atrás y tragar durante un largo espacio de tiempo.

Y es que, a menudo, quienes dan testimonio no están acostumbrados a contar, a decidir qué información necesita un oyente como yo para poder imaginarse y entender de qué se está hablando. Una experiencia tan extrema con la privación de derechos y la violencia, que aún no ha encontrado un lugar donde pueda depositarse, construirse, mantenerse supuestamente estable, que aún no ha encontrado una forma en conceptos, que, sobre todo, aún no ha encontrado oyentes, porque nadie debe o quiere cargar con tales imágenes y conocimientos; tal experiencia, una vez se toca, ya no se puede dominar con facilidad. A diferencia de la narración de acontecimientos más inofensivos, escapa a una forma controlada.

Algunas cosas permanecen en el interior, ocultas, sin destapar, mudas. Algunas cosas se aglutinan, se pegan, aparecen solo deformadas o cifradas. Algunos relatos se ven interrumpidos por las lágrimas, algunos se cuentan al revés o en círculos, otros se evitan mucho tiempo con rodeos, hasta que finalmente se dejan narrar.

Resulta demasiado fácil patologizar los relatos de los supervivientes porque tal vez suenan diferentes, más inconexos, menos lineales. Resulta demasiado fácil considerar perturbadas a las víctimas de la violencia en lugar de a las estructuras y prácticas de privación de derechos y a la violencia a las que han sido sometidas. Es una creencia tan cómoda como falsa. La ética del escuchar comienza precisamente cuando una persona trata de informar sobre una experiencia límite. Y no se entiende de inmediato, se dan demoras e interrupciones, hay pasajes que deben desenmarañarse, hay lagunas en las que se pueden intuir cosas de especial crueldad, hay planos temporales que se invierten. No hay que precipitarse a descartar estas perturbaciones como irracionales, defectuosas o poco creíbles. Aquí es donde comienza la tarea hermenéutica de no limitarse a entender este relato como un sinsentido, sino más bien como una representación del todo adecuada y razonable de una violencia extrema, absurda e incomprensible.

+ + +

Los expertos de los medios de comunicación suelen partir de la suposición opuesta: que se narra y fabula con una intención narcisista o propagandística. Que quienes intervienen en zonas de guerra intentan manipular la interpretación pública. Que las versiones profesionales de los diferentes grupos parlamentarios, partidos o combatientes pretenden distorsionar, irritar y entorpecer la percepción con noticias falsas, con *deep fakes*. Siempre a favor de su propio interés demagógico. Esto es verdad. Esto existe. A menudo se analiza cómo se adorna o se exagera la información. O la forma en que deliberadamente se omiten y minimizan los delitos que el propio bando ha cometido o los daños que ha provocado. Esto es verdad. Esto existe.

Más allá de la deliberada desinformación y distorsión, hay historias borrosas, confusas y defectuosas. Los recuerdos narrados son recuerdos narrados. Son falibles. Pasan por una serie de filtros conscientes o inconscientes. Filtros de miedos, de deseos, de vergüenza o de consideración que ocultan lo que resultaría demasiado triste o peligroso recordar. Que complementan lo que sería propicio o beneficioso recordar. Que creen y cuentan lo que otros han creído y contado.

Y eso debe ser revisado, evaluado y verificado. «¿Y cómo sabes que es verdad?», preguntaba Toni Morrison. Dicha tarea exige una cautela y una diligencia artesanales. En la era de las redes sociales y de la inteligencia artificial, en la que existen otras posibilidades técnicas muy diferentes de falsificación, manipulación y desinformación, esta cautela resulta cada vez más difícil. Hay una enorme cantidad de vídeos de teléfonos móviles como fuentes de investigación; hay, dependiendo de la zona, imágenes difundidas en TikTok y YouTube, de CCTV, de cámaras portátiles, de cámaras de vigilancia, no solo policiales, sino de negocios privados, gasolineras, casas particulares y oficinas.

Ahora se pueden verificar y desmentir a distancia cantidades ingentes de material. Para ello, hay expertos forenses digitales que trabajan para organizaciones internacionales de derechos humanos como Human Rights Watch o Amnistía Internacional, pero también en las redacciones de muchos medios de comunicación. Hay expertos como los equipos de Bellingcat o Forensic Architecture. Estos reconstruyen acontecimientos con la ayuda de la geolocalización, realizan verificaciones cronológicas de material gráfico, generan modelos espaciales y visualizaciones de sucesos que ayudan a reconstruir con mayor precisión las escenas del crimen y el desarrollo de los hechos delictivos.

Hacen un trabajo indispensable en el esclarecimiento de crímenes de guerra, de la violencia terrorista y de todos aquellos actos que deben ser silenciados, encubiertos, olvidados. Los análisis detallados de Bellingcat durante la guerra de agresión rusa, en la que circuló una avalancha inmanejable de desinformación fabricada en la red, fueron tan exhaustivos como útiles. Junto con el Centro Europeo para los Derechos Constitucionales y Humanos, Forensic Architecture ha investigado, por ejemplo, la tortura sistemática en las cárceles sirias. Forensic Architecture también realizó un impresionante trabajo de reconstrucción y modelación del asesinato de Halit Yozgat a manos del NSU, el 6 de abril de 2006, en un cibercafé en Kassel. Gracias a ello se destaparon numerosas discrepancias, contradicciones y falsedades.[10]

Pero todavía nos queda la clásica investigación *in situ*. Esta requiere que busquemos contradicciones, que busquemos lo que también podría ser verdad, aunque se contradiga con otras cosas. Se necesitan otros testigos internos, otras fuentes, otras perspectivas, voces contrarias; hay que comparar y conciliar diferentes narraciones, a veces es preciso recorrer las rutas narradas, reconstruir los tiempos, buscar rastros en edificios o entre sus escombros, hay que buscar agujeros de bala, cadáveres, desechos, cosas perdidas. Todo ello es posible y necesario cuando se investiga sobre el terreno.

Y a pesar de todo este esfuerzo por hallar plausibilidad, pruebas, corroboraciones, ni siquiera con todo esto se puede descartar con absoluta certeza que no haya errores, equivocaciones o incluso engaños. Y, por supuesto, no todos los encuentros salen bien y no todas las conversaciones sirven como material. Por supuesto, hay personas, funcionarios o portavoces oficiales que solo reproducen los cilindros ya perforados de una caja de música de fabricación dogmática.

+ + +

Pero para mí lo más preocupante es otra cosa: que la experiencia, una vez se toca, irrumpe sin una intención creativa consciente, tal vez incluso sin un destinatario consciente al que dirigirse. Que no se cuenta con una intención manipuladora, sino que aparece una experiencia estresante, brutal y dolorosa, y busca palabras con las que expresarse. Esto puede ocurrir de forma vacilante, quizá entrecortada, quizá incompleta. Y, a veces, quienes hablan olvidan a quién se lo cuentan. Quizá ya no se piense tanto en quién es el destinatario de esta historia. Si es la extraña que está sentada frente a ellos, esa única persona, o si es el gran público, el público desconocido para el que esta experiencia queda más tarde registrada como texto. Es una cuestión de decencia preguntarse: ¿a quién se lo acaban de contar? ¿Está realmente dirigido al público? ¿Es posible que alguien se esté perjudicando a sí mismo con el relato?

Conozco bien el caso, porque esta narración de algo que nunca se ha contado, esta narración de algo que aún no conoce un orden narrativo establecido, también existe en un contexto completamente diferente cuando se habla de una necesidad completamente diferente: la primera vez que se habla de la homosexualidad. También en esta situación las personas dan rodeos en torno al núcleo de la experiencia, de la voluntad, del anhelo, del deseo, de ese deseo que no debe conocer un nombre porque está prohibido, es tabú, está criminalizado. Porque supuestamente adopta una realidad diferente cuando se le da su nombre.

Es la inversión del «principio de *El enano saltarín*»:* aunque suele evitarse el peligro al ponerle nombre a una cosa, en la homosexualidad, en ese amor y deseo que difiere de la norma ocurre al revés: a los que cuentan les aterroriza el término que hace referencia a la práctica tabuizada, como si se convirtieran en otra persona cuando su deseo o sus prácticas se asocian con esta palabra. Como si, al pronunciar esta palabra, adoptaran otra forma, una que (de momento) les parece extraña y en la que, según

---

* Se trata de un cuento popular alemán recopilado por los hermanos Grimm con el título original de *Rumpelstilzchen*. (*N. de la T.*).

dicta su miedo, se les forzará a encajar durante toda la vida.

En estos relatos también se omiten algunas cosas, otras se aglutinan y otras se precipitan involuntariamente. También aquí los que hablan se olvidan de sí mismos, ya no controlan si le están contando lo que sienten a un público, a mí o quizá solo a ellos.

Para ese exceso incontrolado, para esa narración que se olvida de sí misma y de su público, que ya no es consciente o no puede valorar lo que significa hablar en público, para contar la historia de otra persona hay que asumir la responsabilidad con gran cautela. Hay que decidir qué parte de esa historia puede documentarse y difundirse, y qué parte debe reservarse y no publicarse. Y para esto no hay reglas, ni manual ni método alguno. Más bien se requiere tacto y sensibilidad para decidir qué debe callarse y guardarse.

Si alguien me preguntara qué ha sido decisivo para mí a la hora de narrar y escribir sobre el sufrimiento de otros, sin duda la respuesta no apuntaría a algo que yo haya escrito, sino siempre a lo que no he descrito, a lo que callé.

+ + +

A primera vista, el carácter ético del encuentro que precede a los textos documentales restringe esa forma de imprecisión creativa en la que podría haber una elegancia literaria y una fuerza poética. La escritura sobre experiencias reales de otras personas (reales) priva a la escritura, en primer lugar, de ese momento de lo artístico, de lo mágico, de lo rebosante, de lo exuberante que distingue a la literatura que se puede servir de la propia vida o de la fantasía.

Porque no estoy describiendo mis propias experiencias, porque el material no es ficticio, sino que se ha «sacado» de la llamada realidad, porque el género de lo fáctico, de lo documental, lleva consigo la promesa de lo real, de lo no inventado, las descripciones han de ser precisas, y con ello me refiero a que deben ser exactas, cuidadosas y verdaderas.

Esto puede parecer evidente, pero en la práctica implica una carga enorme. Ya en las propias observaciones e impresiones existe esa inseguridad permanente que comprueba una y otra vez si cada frase describe con fidelidad lo que se quiere describir. Pero la carga es aún mayor en las escenas en las que hay otras personas implicadas, en las experiencias que nos han confiado otras personas y que debemos trasladar al público a través de nuestra escritura.

¿Qué pasa si estos relatos de otra persona se reproducen en el contexto de un régimen represivo, en una sociedad cerrada en la que se sanciona cualquier desvío de la norma, cualquier crítica desde la perspectiva de los marginados, de los subalternos, de aquellos a quienes supuestamente no les corresponde hablar?

Quizá esa persona viva en una sociedad que no quiere recordar, que prefiere escapar de los fantasmas del pasado porque cree que el silencio es una base más estable que el recuerdo crítico y las formas jurídicas o políticas de lidiar con el delito. Es preciso sopesar en cada momento: ¿a qué riesgo se está exponiendo mi interlocutor? ¿Hasta qué punto una publicación podría poner en peligro a la persona con quien hablo? ¿Es consciente de los riesgos en todo momento? ¿Qué consecuencias podría ocasionar una formulación imprecisa por mi parte? ¿Qué conceptos podrían tal vez empeorar la situación de las personas que me confían su historia?

Si se quiere asumir una responsabilidad parcial, hay que preguntarse a cada palabra escrita, a cada frase: ¿es esto realmente cierto?

Sin duda, es posible preguntarse esto sobre cada frase de cada género. Y quienes piensan y escriben con seriedad cuestionan también en sus novelas y poemas cada término, cada metáfora, cada formulación; se preguntan si son adecuados, en el sentido de verdaderos, ciertos, exactos; si se corresponden de una manera específica con una sensación, un pensamiento, una percepción, una cosa, una cualidad, un aroma. Pero esta correspondencia se reproduce en un espacio ficticio, de creación propia.

En efecto, también yo cuestiono la validez de cada frase en mis ensayos filosóficos o teóricos. Pero esto es otra categoría de validez. Cada reflexión, cada expresión, cada frase pasa por la prueba de su certeza, si el argumento está libre de contradicciones y es lo suficientemente convincente, si un pensamiento se sigue del precedente, si encuentra buenos contraargumentos en posibles objeciones, si pone al descubierto suficientes dudas sobre la propia posición.

Puede salir bien o mal. Pero, en caso de fracasar, es a mí a quien perjudico principalmente. Solo se trata de un argumento bueno o malo, incompleto o basado en premisas falsas. Esto puede resultar, como mucho, molesto y lamentable, pero es inofensivo porque no hace más que destapar mi propia torpeza discursiva.

Sin embargo, la cosa es muy distinta cuando me confían relatos sobre la violencia para que los escriba. Aquellas personas que me confían sus historias no quieren que estas se transformen en algo poético, quieren que se conserven, que no se olviden ni se nieguen. Es mi deber entenderlas con exactitud y relatarlas con sumo cuidado. Esto es mucho más difícil de lo que parece. También tiene que ver con cómo afecta la violencia a las personas que la han sufrido. También tiene que ver con el modo en que la violencia deja huella en el lenguaje. Tal vez esa historia contradictoria y fragmentada describa con precisión el trauma de un maltrato brutal y prolongado, o la conmoción que causa una violación.

Tal vez no comprenda lo que es verdad, lo que es cierto, lo que es racional, porque no parece verdad, porque no suena a cierto o racional. Eso sería fatal. Si no logro describir la experiencia de otra persona de manera adecuada, coherente, convincente, no solo resulto indigna de la confianza depositada en mí, sino que quizá incluso patologizo o expongo a la otra persona y, en el peor de los casos, repito la experiencia del desprecio.

Sin embargo, la narración de estas experiencias no está exenta de referencias literarias. En mi caso, un recurso indispensable para comprender las experiencias de violencia son el corpus de mis lecturas de cuentos bíblicos, las novelas de Franz Kafka y Lev Tolstói, William Faulkner y Toni Morrison, Péter Nádas y Aleksandar Tišma, los poemas de Paul Celan y Nelly Sachs. Las referencias literarias me ofrecen todo un espacio de asociación a través del cual puedo escuchar y entender de manera diferente lo que se me está diciendo. Cómo se hereda la violencia de generación en generación, cómo se imprime la violencia en el lenguaje, cómo las brechas contienen experiencias traumáticas, para quién y por qué se calla; ya he aprendido todo eso de las novelas y los poemas. Y todo ello mucho antes de estudiar expedientes judiciales y de sumergirme en fuentes históricas de juicios por crímenes de guerra.

Se enseña mucho sobre las técnicas de investigación. Pero sin una lectura profunda y amplia de los textos literarios, la comprensión y luego también la propia escritura sobre las experiencias de violencia se atrofian.

+ + +

Ahora me gustaría abordar los problemas hermenéuticos de la narración cuando se trata de la privación de derechos y la violencia extremas. Llamaré a esto provisionalmente «umbrales o resistencias de la narración» y me gustaría tratar de sistematizarlos un poco.

En contextos de guerra y violencia existe un grado cualitativo de anomalía moral, de sucesos contrarios a toda expectativa ética, tan opuestos a todas las ideas de lo que los hombres pueden hacerse unos a otros que uno no quiere creerlos o no logra entenderlos. Todas las referencias a lo terrible son ignoradas de manera más inconsciente que consciente porque contradicen cuanto es racional o razonablemente imaginable. Hay un grado de brutalidad que pertenece al género ficticio del cine de terror, pero no a la realidad compartida.

En su artículo «El sufrimiento inútil», el filósofo francés Emmanuel Levinas describe el «contenido» del sufrimiento como algo «inconsciente»: «Se da ahí, a modo de contenido "experimentado", la forma en la que, en la conciencia, lo insoportable no puede soportarse, la forma del no-soportarse que, paradójicamente, es ella misma una sensación o un dato». A menudo sucede que lo insoportable se oculta como un contenido consciente.[11]

Existe una resistencia cognitiva a entender el orden del terror, resulta inconcebible que un sufrimiento o injusticia tales puedan ser ciertos. En muchos textos de los supervivientes del Holocausto, este motivo aparece una y otra vez. En *Si esto es un hombre*, Primo Levi describe esta conmoción como el intento fallido de querer entender algo que contradice todo lo que es familiar para uno, lo que debería ser. «Aquí no hay porqués» es la brutal verdad que expresa un guardia y contra la que se estrellan las expectativas racionales y éticas.[12]

Me ha sucedido varias veces que en contextos de violencia me contaron algo que estaba tan alejado de toda expectativa ética, tan alejado de lo imaginable por su crueldad que no podía creerlo. Aquello tenía que ser –eso quería pensar– una exageración, tenía que ser –eso quería creer– inventado, tenía que ser –eso esperaba– una exageración dramatizada de lo vivido.[13]

A menudo, en el discurso público se insinúa que la mayor propensión a cometer errores al obtener información de las regiones en crisis es confiar en fuentes poco fiables, creer en mentiras absurdas y aterradoras, sucumbir a una propaganda falsa y manipuladora. Es cierto. Es un peligro. Y estoy segura de que a mí también me ha pasado en todos estos años en los que he escrito desde contextos de violencia. Que alguien me ha contado algo y yo le he creído. Que he descrito algo que no ha sucedido o no ha sucedido exactamente de esa manera. A pesar de toda la investigación, de todos los esfuerzos por contrastar lo que se ha escuchado con otros relatos, otras pistas e indicios, no siempre se logra verificar todo de forma definitiva. A menudo sigue quedando un residuo incomprobable: una experiencia de la que no hay testigos independientes, un acontecimiento que ocurrió hace mucho tiempo, del cual se han borrado las huellas y se han destruido las pruebas. Me gustaría que en el texto se entendiera con suficiente claridad lo que sé solo a través de la declaración de una persona, de lo que alguien me ha contado y que no se puede corroborar. Me gustaría que en mi texto se distinga lo que se puede saber y lo que solo se puede intuir o reproducir como algo narrado. Pero sospecho que he cometido errores de los que aún no sé nada. ¿Quién sería si afirmara que nunca he cometido errores? ¿Quién sería si dijera que nunca me he equivocado, que siempre recuerdo todo con precisión? No, tengo que asumir que tomé por verdaderas historias que no lo eran. Esto es doloroso y abrumador, pero realista.

Sin embargo, el caso que me parece casi más preocupante es el opuesto: no creer a alguien que dice la verdad, descartar un testimonio por considerarlo poco creíble cuando en realidad es cierto. Simplemente porque no quiero ni puedo imaginar el horror de la violencia. En mi rechazo incrédulo no hago más que repetir la experiencia de la negación para la víctima de la violencia: vuelve a negarse a la persona como individuo, como alguien a quien se escucha, a quien se tiene en cuenta. Siempre debo tener esto presente, debo incorporarlo en mí misma como desconfianza por si estoy rechazando algo, si no estoy permitiendo algo, si no puedo o no quiero entender algo porque la crueldad en sí misma menoscaba la comprensión.

+ + +

Entre las resistencias internas de la narración en el contexto de la violencia y los desastres naturales se encuentra también una medida cuantitativa de anomalía visual que resulta incomprensible: paisajes que parecen completamente deshechos, desfigurados por un terremoto o un bombardeo, en los que ya no queda nada que sirva de orientación, en los que hay olivares carbonizados, paredes destrozadas, carreteras destruidas, casas arrasadas, en los que cloacas y excrementos, pilas de cadáveres y miembros amputados pueblan el campo visual y olfativo. Las zonas devastadas o inundadas sobrepasan el archivo íntimo de imágenes. No se asocian con nada que se haya visto antes. Todo se ha desplazado, todas las formas, todos los contornos han cambiado. Cuesta entender la medida puramente cuantitativa de la anomalía sensorial. Es demasiado, hay demasiado desorden, demasiada confusión. Faltan las estructuras con las que solemos orientarnos, son imágenes incomprensibles que no se conectan con nada porque hasta ahora no existían, porque lo que está registrado tiene un aspecto diferente, intacto.

Quien alguna vez haya visto un paisaje así, asolado por la guerra o por un terremoto, por bombardeos o incendios, nunca lo olvidará. Quien haya visto Puerto Príncipe después del terremoto de enero de 2010, quien haya caminado por las ruinas, quien haya visto los escombros apilados de edificios, los tejados, paredes y muros apuntalados entre sí y amontonados unos sobre otros, una calle sobre otra calle sobre otra, también recuerda cuán irreal resultaba todo eso. Su dimensión apenas podía entenderse. Acaso sobrevolar la devastación hubiera sido útil para comprender la catástrofe. Desde el suelo, a pie o en coche, al principio resultaba perturbador.

¿Por qué es tan decisivo todo esto?

Si se quiere escribir sobre el trabajo de las organizaciones de ayuda después de un terremoto, primero debe poder calibrarse la magnitud de la catástrofe de forma adecuada. Para saber si las organizaciones de ayuda son incompetentes o si la destrucción resulta simplemente inconmensurable: de lo contrario, no se puede juzgar de manera justa.

+ + +

Existe, además, un umbral ideológico, un sesgo tal vez cultural o social que no permite detectar determinados fenómenos. Porque la disposición a percibirlos no está preparada para esa percepción. Pueden ser la ignorancia o el resentimiento los que ocultan o malinterpretan lo que debería verse o reconocerse cuando se tiene delante. Son presupuestos políticos o sociales que limitan el propio juicio. Puede tratarse de estereotipos que han establecido la imagen de un determinado grupo de tal manera que no sean vistos los miembros reales, vivos y desviados del grupo, y sus acciones.

Por ejemplo, durante mucho tiempo se supuso que los círculos de extrema derecha se componían principalmente de mentes simples, de tipos borrachos y cabezas rapadas. La percepción de los contextos derechistas a menudo se caracterizaba por una arrogancia social condescendiente, que ignoraba la compleja realidad de una escena más diferenciada de la extrema derecha. Durante mucho tiempo se ha ignorado que no solo en el campo de la izquierda radical, sino también en el de la derecha radical, hay figuras intelectuales que marcan la dirección ideológica y estratégica. La capacidad de establecer redes estratégicas, de actuar de forma coordinada y criminal en la clandestinidad, de construir células terroristas y de llevar a cabo atentados y ataques también se atribuía exclusivamente a los movimientos de izquierdas. Había ese prejuicio saturado de resentimiento de que la extrema derecha no podía producir «algo como la RAF»,* que se desvaneció cuando la CNS (Clandestinidad Nacionalsocialista) se desenmascaró a sí misma. Solo entonces se comprendieron los asesinatos racistas como lo que eran: asesinatos racistas por parte de una red terrorista de derechas con una amplia comunidad de apoyo.

Todos tenemos este tipo de prejuicios que debemos cuestionar y corregir. ¿De dónde provienen nuestras intuiciones, qué es probable y qué es improbable? ¿A quién confiamos algo y por qué? ¿Consideramos que los indicios son sólidos en un caso e insuficientes en otro? ¿Cómo influyen las atribuciones racistas o antisemitas o de género en lo que consideramos obvio o absurdo? ¿Cuál es el riesgo de calcular

---

* La Rote Armee Fraktion («Fracción del Ejército Rojo»), organización terrorista de la República Federal de Alemania, muy activa en los años setenta. (*N. de la T.*).

según probabilidades estadísticas? Si estoy acostumbrada a pensar en las niñas y las mujeres como víctimas potenciales de la violencia sexual, podría pasar por alto el hecho de que el chico intimidado que está sentado frente a mí en una zona de guerra sea víctima de la esclavitud y la explotación.

+ + +

Estos tres umbrales o resistencias de la narración tienen que ver solo conmigo como observadora, como testigo o analista. Tienen que ver con mi comprensión moral o epistémica. Se presentan como obstáculos o problemas sobre los que hay que reflexionar y en los que hay que penetrar en la medida de lo posible. Se adelantan a la cuestión de qué y cómo se puede contar.

Sin embargo, la narración en sí, la escritura, debe tener en cuenta estas posibilidades de que haya malentendidos, estas condiciones de supresión o incomprensión.

¿Cómo lidio con estas preguntas tan exigentes desde el punto de vista ético y epistemológico? ¿Qué exige esto lingüística o literariamente? Y aquí retomamos la objeción a lo poético que recalcaba al principio. Sin duda, la narración sigue comprometida con la realidad, buscando lo que es verdad. Pero es inevitable plantear exigencias literarias. La narración necesita criterios estéticos, necesita decisiones estéticas sobre cómo articular y mostrar estos desafíos hermenéuticos en y a través del texto.

Para mí, como escritora, esta es una de las razones por las que introduzco el «yo» en muchos de mis textos. Con la revelación de la propia subjetividad, de la propia voz, también se puede abordar la susceptibilidad a los errores, a no querer o no poder entender. Solo si la propia vulnerabilidad analítica, es decir, la propia limitación y trastorno, es transparente, se puede reflexionar sobre la existencia de estas lagunas, puntos ciegos y omisiones.

Para aumentar la credibilidad de los demás debe cuestionarse la propia credibilidad.

Pero el «yo» puede ser asimismo la respuesta poética a un discurso público en el que solo se piensa y se habla en colectivos, en el que la individualidad está desacreditada, como supuestamente privada, apolítica, como supuestamente desleal a una identidad colectiva que solo quiere permitir que se escriba en mensajes secretos, en clichés ideológicos, en figuras retóricas prefabricadas. Esta fue una de las razones por las que busqué el género del ensayo subjetivo en mi libro *Stumme Gewalt – Denken über die RAF* [«Violencia silenciosa. Reflexiones sobre la RAF»]. Porque quería y debía escapar de las garras de la colectividad. Porque el yo narrativo aquí también representaba una forma de defender el valor de cada ser humano individual, la dignidad humana de cada persona. Y porque el yo narrativo quería demostrar además la capacidad de pensar y hablar de manera diferente, más allá de lo aglutinado de modo esencialista, más allá de las zonas constreñidas de lo político-dogmático.

Una de las estrategias estéticas de la narración frente a la violencia es la ruptura deliberada y disidente del totalitarismo. Para mí, esta es una de las lecciones narrativas que hallé al leer las novelas de Péter Nádas: la precisión, el registro y la descripción pormenorizada de los detalles, la narración lenta, enrevesada, inquisitiva, en la que se alternan los planos temporales, todo esto es para mí una resistencia estética a la naturaleza totalitaria, tosca e imprecisa de la violencia. La narración fáctica también necesita y dispone de instrumentos literarios para verbalizar lo que es verdad, para ponerlo en una forma que describa los hechos y las experiencias de otros.

+ + +

Pero hay otros dos umbrales o resistencias de la narración que tienen que ver con la categoría de lo inaceptable en el sentido más amplio.

También hay filtros de la convención o de la falsa seriedad que declaran inapropiadas, inadecuadas e inexplicables ciertas experiencias o impresiones porque se consideran demasiado divertidas, demasiado alegres, demasiado absurdas en el contexto de la muerte y la destrucción. Se genera una peculiar inhibición que no se atreve a describir lo cómico en el radio de la miseria. Como si uno invalidara a la otra. Como si fuera desvergonzado o de mal gusto descubrir algo alegre junto a algo doloroso.

Es el malestar de la ambivalencia que busca encajar y rectificar las realidades verdaderas, complejas, contradictorias y confusas. Es este umbral de convención el que quiere simplificar y uniformar, y marcar como cínico, lo que realmente debería contarse: que en todas las zonas de crisis, en medio del sufrimiento y de la desesperación, siempre hay momentos en los que las personas intentan mantener un resto de normalidad, en los que también quieren mantener su dignidad, en los que se reúnen para reírse o quererse. Incluso en la guerra se juega, se negocia, incluso en la guerra hay momentos íntimos, tontos, felices. No son momentos cínicos, no niegan la brutalidad y el dolor que caracteriza a esos lugares.

Lo sabemos de los funerales, lo distendidos y alegres que pueden ser sin que eso les reste dolor ni pena por el ser querido. Sin embargo, casi nadie contaría después lo divertido que fue un funeral.

Y por eso siempre me he hecho la pregunta, en Kosovo, en Irak, en Colombia, donde sea, de cómo debo poner por escrito estas experiencias ambivalentes y contradictorias de las que soy testigo. ¿Cómo puedo contar lo que también es verdad sin crear una falsa impresión en el público lector en Europa: «Ah, pues no será tan mala la situación si se ríen y se lo pasan bien»? La tendencia a simplificar y las ideas tan limitadas de cómo debería ser una zona de guerra son deprimentes.

Por otro lado, es importante encontrar una forma narrativa para describir con respeto y veracidad los asincronismos en estos ámbitos. Sin cinismo. Sin simplificar. Con cuidado, para que los lectores de aquí entiendan que la realidad sobre el terreno puede contener todas estas insensateces tan humanas. Porque es igual de cierto que, al lado y por debajo y por encima del sufrimiento o del miedo existe, al mismo tiempo, esta alegría. Y no se relativizan entre sí.

Se necesita tiempo para describir estas zonas de violencia en todas sus contradicciones. Tiempo para entenderlas siquiera, pero también tiempo para describirlas. Y eso significa que las narraciones necesitan espacio. Tienen que tomarse tiempo para describir estas ambivalencias.

Y, por último, está el umbral de la convención de lo limpio, de lo decente, del filtro del tabú social o estético que nos impide describir detalles demasiado brutales o demasiado crueles. Quizá sea este último umbral el que me parece menos molesto, de hecho, aquel contra el que quizá me defiendo más fácilmente, porque lo considero un paso de un tabú de imagen a un tabú de texto. La acusación de lo obsceno, de lo pornográfico, que se asocia a las representaciones gráficas de la violencia, se traslada con demasiada facilidad a los textos.

En el contexto de las representaciones gráficas, esta es una crítica necesaria que comparto plenamente; es despiadado lo que a veces se exhibe en términos de personas torturadas, heridos, cuerpos desgarrados, personas que aún luchan entre la vida y la muerte. Lo que se pone en venta en forma de carne quemada, de cadáveres desmembrados, lo que se muestra sin contexto ni explicación, sin necesidad, es de una falta de tacto monstruosa. Busca impactar de manera burda y despiadada, sin criterio, sin justificación de cuándo se debe publicar algo y cuándo se debe prescindir de ello. Como si toda crueldad visualmente demostrable fuera de por sí un documento legítimo y de autoridad que debe ser publicado. Como si no existieran cuestiones éticas asociadas a las estéticas. La cuestión de si algo debe mostrarse está vinculado a la pregunta sobre cómo puede mostrarse y comentarse textualmente o clasificarse.

El umbral de la vergüenza o la piedad, la cuidadosa ponderación de las razones a favor o en contra de mostrar ya está desgarrada en el espacio público fragmentado, dominado por las redes sociales, con los canales de Telegram, Instagram, TikTok. Pero con cada persona en duelo, cada cuerpo herido, sangrante, mutilado, con cada rehén desmayado, con todas las personas en hospitales, medio inconscientes o atormentadas por el dolor, sería necesaria esta pausa, así como la pregunta: ¿cuál de estas imágenes es razonable?

Ahora bien, los textos no son imágenes. Algunas cosas que no deben exhibirse en imágenes, algunas cosas que no deben mostrarse por buenas razones, porque exponen a una persona, se pueden describir de manera diferente, más considerada y sin voyerismo. Algunas cosas deberían ser descritas y es necesario que se describan, porque las personas afectadas quieren que no se olvide ni se niegue lo que les hicieron.

También me ha pasado que desde las redacciones se dice sobre ciertos pasajes de texto: «Esto es demasiado cruel» o «Nadie puede soportar esto», combinado con el deseo de hacer estos pasajes un poco más suaves. Estás allí, en algún lugar miserable del mundo, viendo tan solo llanto y desesperación, mientras que alguien en Alemania se sienta a su escritorio y te pide, por favor, que el texto no sea demasiado brutal. Pero lo cierto es que la muerte y la destrucción no son fáciles de contar de una manera digerible.

No me preocupa tanto que los lectores puedan disfrutar de lo que describo o que lo encuentren inaceptable. Para mí es más importante si resulta aceptable para las víctimas afectadas de las que se habla, si podrían estar de acuerdo con la forma en que escribo lo que les han hecho. Qué detalles querrían revelar y qué detalles omitirían u objetivarían. ¿Pueden estar de acuerdo con lo que afirmo que es verdad acerca de ellos?

Existen notables diferencias culturales e individuales; en algunas zonas, las víctimas de la violencia o sus parientes y familiares no quieren que sus propias lesiones sean exhibidas o descritas en ninguna circunstancia. Esto los llena de vergüenza o miedo. Tal vez quieran contar algo, pero no verlo publicado o ilustrado. En otros contextos, los afectados y sus familiares quieren que se documente lo que les hicieron a toda costa. Es asombroso cómo lo que yo percibía como una moderación educada, respetuosa y discreta no era deseada en absoluto. Cómo las madres me arrastraban a las morgues para que viera los cadáveres de sus hijas e hijos, cómo los hermanos y primos me invitaban a los lechos de sus parientes heridos, cómo me mostraban piernas amputadas o quemaduras, cómo mi cercanía no era en absoluto desagradable para ellos, sino que me solicitaban y me hacían partícipe.

Es preciso traducir los códigos culturales propios y ajenos de manera permanente para comprender que lo que a mí puede parecerme respetuoso en algunos contextos solo resulta irrelevante, que lo que me parece indiscreto e intrusivo se percibe como empático y apreciativo en otros contextos. Y viceversa. Para mí, estas normas y códigos cambiantes son indispensables para decidir qué se debe contar y qué se debe omitir por reverencia y respeto a quienes protagonizan el relato.

Pero esto también significa que se describen escenas y experiencias que pueden resultar inaceptables para los lectores europeos. Y en efecto, como escritora, estas narraciones inaceptables son importantes e indispensables para mí. Lo que es verdad no solo es agradable, sino que lo que es verdad es también repugnante, perturbador, opresivo.

¿Quiénes seríamos si no lo contáramos?

+ + +

Las justificaciones políticas de la exclusión y la humillación, las técnicas discursivas y no discursivas de negación y estigmatización preceden a la violencia.[14] Los dispositivos «de lo que se dice y de lo que no se dice» (Michel Foucault), los gestos y las leyes, las directrices administrativas y los escenarios arquitectónicos preparan la tendencia a perpetrar (y también construyen el desprecio de las vidas de las futuras víctimas). Clasifican el poder y la impotencia con mucha antelación y crean así las condiciones psicológico-ideológicas para la capacidad de torturar, humillar y matar a otros.

64

Los dispositivos asocian a los individuos con los colectivos, de modo que las personas marcadas desaparecen como sujetos individuales; a continuación, organizan atribuciones negativas, de tal forma que les arrebatan su humanidad.

Se las describe como

«extrañas», «diferentes», «perezosas», «animales», «moralmente corruptas», «inescrutables», «desleales», «promiscuas», «deshonestas», «agresivas», «enfermas», «pervertidas», «hipersexualizadas», «frígidas», «incrédulas», «impías», «deshonrosas», «pecadoras», «contagiosas», «degeneradas», «antisociales», «antipatriotas», «poco varoniles», «poco femeninas», «subversivas del Estado», «sospechosas de terrorismo», «criminales», «caprichosas», «sucias», «desaliñadas», «débiles», «aturdidas», «serviciales», «seductoras», «manipuladoras», «codiciosas»

(por nombrar tan solo adjetivos),

una y otra y otra y otra y otra vez,

«extrañas», «diferentes», «perezosas», «animales», «moralmente corruptas», «inescrutables», «desleales», «promiscuas», «deshonestas», «agresivas», «enfermas», «pervertidas», «hipersexualizadas», «frígidas», «incrédulas», «impías», «deshonrosas», «pecadoras», «contagiosas», «degeneradas», «antisociales», «antipatriotas», «poco varoniles», «poco femeninas», «subversivas del Estado», «sospechosas de terrorismo», «criminales», «caprichosas», «sucias», «desaliñadas», «débiles», «aturdidas», «serviciales», «seductoras», «manipuladoras», «codiciosas»,

hasta que la mera repetición de las atribuciones arbitrarias se convierte poco a poco en una cadena de asociaciones que surge como si fuera natural y que difícilmente puede cortarse porque ha funcionado de manera inconsciente durante mucho tiempo.

Femenino-débil-servicial, masculino-musulmán-extranjero-violento, femenino-musulmana-extranjera-oprimida, judía-codiciosa-rica-poderosa-conspiradora, trans*-antinatural-intrusivo-pedófilo...

Los regímenes se distinguen en si exhiben u ocultan sus excesos de violencia, si quieren exponerse en su brutalidad y además dañar a las víctimas difundiendo imágenes y vídeos de su humillación o tortura (como la narcomafia mexicana de los Zetas o el llamado Estado Islámico), o si torturan y abusan en secreto, ya sea eliminando las huellas de sus propios crímenes (como el régimen de Assad o la junta militar argentina). De una forma u otra, a las víctimas maltratadas se les prohíbe hablar por sí mismas, se las niega, se las incapacita, se habla por ellas, se habla de ellas, se les arranca un lenguaje desfigurado y mutilado o se les atribuyen sentencias falsas, dictadas, forzadas con un cuchillo al cuello o con el cañón de una pistola en la nuca.

Si sobreviven, si escapan de las garras de la

violencia, a menudo se quedan sin palabras. No porque ya no se acuerden, sino porque se ha roto su confianza en el mundo, la creencia de que vale la pena hablar, hablar de verdad, con otra persona, alguien que se ha salvado, una extraña que podría confirmar: «Sí, lo que ha pasado aquí es una injusticia».

Y esto me lleva finalmente a la dirección de la verdad o de la temporalidad de la narración.

Lo que es verdad no es solo lo que ha sucedido, lo que es verdad no es solo lo que le han hecho a alguien, cómo un ser humano ha sido deshumanizado, cómo un individuo ha sido negado en cuanto individuo, cómo un ser humano ya no es visto como una persona con su propia historia, sus propias cualidades, sus propias necesidades, sino que se percibe y deforma solo como miembro de un grupo, de un colectivo amorfo, de una identidad supuestamente inferior.

Lo que es verdad es también quién fue esta persona en el pasado, antes, en otra vida, en otra época, cuando no se la reducía a su identidad como judía, musulmana, trans*, no solo como cuerpo negro, como cuerpo de mujer sexualizada, no solo como cosa, como peligro, como cuerpo extraño.

Lo que es verdad es también lo que no es, lo que es verdad es algo más allá de lo que es, algo que trasciende la experiencia presente.

Jean Améry, en *Más allá de la culpa y la expiación*, acerca del tiempo que pasó en Auschwitz, escribió:

> No quería pertenecer a ellos, a los compañeros creyentes, pero me habría gustado ser como ellos, inquebrantable, tranquilo, fuerte [...]. En el sentido más amplio, la persona creyente, sea su fe metafísica o inmanente, se trasciende a sí misma. No es prisionera de su individualidad, sino que pertenece a un continuo espiritual que no se interrumpe en ninguna parte, ni siquiera en Auschwitz.[15]

Quien cree en un orden más allá del mundo que lo rodea, quien puede orientarse a través de algo fuera del presente, también conserva algo en situaciones de extrema privación de derechos y violencia. Hay algo que permanece intacto, algo que remite a un orden que permanece ileso, íntegro, íntimo. Es una estrategia de afrontamiento, esta duplicación mental de estar en el presente y aun así pensar en un tiempo diferente, en un orden diferente.[16]

Quien escribe sobre la guerra y la violencia, quien quiere escribir sobre las experiencias de los supervivientes, de personas que han sido desplazadas, deportadas, encarceladas, humilladas y torturadas, debe comprender esta duplicación. No se trata solo de describir a la persona que tienes delante, no se trata solo de describir a la persona a la que le quitaron todo, a la herida, empobrecida, sucia, intimidada, traumatizada, sino además a la que era antes de que le hicieran esto.

También por eso son narraciones sobre las narraciones de otros. Es por eso también por lo que se les da ese espacio a las voces de los demás. Para que se muestren no solo como objetos, como víctimas de la violencia, sino como sujetos, con su propio lenguaje, sus propios anhelos. Como personas que al contar se defienden al mismo tiempo de ese régimen que antes quería incapacitarlas, que se desprenden de las atribuciones que antes querían desfigurarlas y desvalorizarlas.

Y aquí, para mí, se hace evidente una vez más la complejidad de la propia tarea, la ética de la narración.

La narración fáctica en el contexto de la guerra y la violencia nunca es solo lo que es, sino también siempre lo que no es. En varios aspectos. Por un lado, en el sentido que ya se ha mencionado, de que la persona que nos encontramos se concibe no solo como la víctima, como refugiada, como frágil, como temerosa, como persona humillada, sino también como qué y quién fue esa persona en el pasado.

Porque eso es parte de lo «fáctico»: quien escribe sobre crímenes de guerra, tortura, expulsión y humillación debe contar qué efectos tienen, cómo transforman a las personas. No basta con describir lo que vemos en el presente, sino que hay que señalar lo que le fue arrebatado a alguien, cómo alguien fue desfigurado, cómo alguien fue deshumanizado. Sin esto no se puede entender el crimen ni el posible trauma.

Por lo tanto, esto significa ambas cosas. Por un lado, reconstruir el proceso, la forma en que las personas individuales se convierten en colectivos, la forma en que se devalúan y se marcan como «extrañas», «diferentes», «perezosas», «animales», «incrédulas»…, y qué efecto ha tenido todo ello.

Y, por otro lado, deconstruir esos mismos procesos, desvincular las palabras de las personas, romper las desvalorizaciones, volver a transformar los grupos en su multiplicidad y disparidad, devolver a los individuos su singularidad. Este es el arte de narrar: no argumentar solo con normas, no operar solo con la crítica, sino también mermar y contrarrestar el efecto de la violencia a través de la narración. Representar a las víctimas no solo como víctimas, no solo como damnificados, sino evocar con la narración a las personas que alguna vez fueron.

Eso supone escuchar atentamente cómo cuentan, supone descubrir las huellas lingüísticas que en sus narraciones remiten a lo que vivieron en otro tiempo, esos detalles que contienen huellas de otra vida, de otro valor. Son momentos fugaces durante la conversación, tal vez algo resbala, tal vez algo no tenga sentido, tal vez sean cosas o lugares que se mencionan, incidentales, casuales, a los que hay que prestar atención.

El trabajo hermenéutico de escuchar se asemeja en algunos aspectos a la interpretación de los sueños. No hay que traducir toda la narración, sino que sus diferentes elementos y detalles pueden pertenecer a espacios o épocas de experiencia muy diferentes. Vale la pena preguntar con cautela si hay algo que no encaja inmediatamente en la narración. Tal vez no salga bien. Tal vez no sea bienvenido. Pero tal vez se acceda con ello a otro tiempo, a otro mundo.

Quien reflexiona sobre lo que es verdad, quien quiere contar lo que es verdad, debe tener en cuenta esta anticipación o rememoración de lo que una vez fue verdad, lo que fue destruido o lo que también quiere ser recordado, y encontrar una forma narrativa adecuada para ello.

Hay un pasaje conmovedor de Ruth Klüger en *Seguir viviendo*, en el que se pregunta cómo debe recordar a su padre, que fue asesinado en el Holocausto. Quiere pensar en él, quiere escribir sobre él y, sin embargo, el recuerdo siempre se divide en partes que no se pueden unir. Comienza a hablar del padre antes de la guerra, del padre en Viena, como médico, del padre como padre; son recuerdos sueltos, alegres y luminosos de un ser querido con características

71

individuales, con una profesión reconocida, una familia, un vecindario que aún no se había distanciado y anulado. Y Ruth Klüger habla de este padre para luego interrumpirse y escribir:

> Cuento estas pequeñeces porque son todo lo que tengo de él, y a pesar de poner la mejor de las voluntades no consigo que encajen con su final; porque, sin caer en un falso patetismo, no puedo asimilar lo que le ha pasado. Pero tampoco puedo separarlo. Para mí, mi padre era uno y lo otro. El hecho de que acabara desnudo en una cámara de gas, buscando desesperadamente una salida, hace que todos estos recuerdos sean irrelevantes hasta volverse irreconocibles. El problema es que no puedo sustituirlos por otros ni eliminarlos. Ni los puedo unir, se abre un vacío.[17]

Se abre un vacío.

Se abre un vacío, y tiene que abrirse. Esto no se puede arreglar, no se puede sortear, no se puede disfrazar. Y, al mismo tiempo, el recuerdo no se puede soltar ni sustituir. Están esas imágenes que son ciertas, que están intactas, que permanecen y no quedan destruidas por lo que pasó después. Esta es la misión ética y estética de preservar esa memoria fragmentada, deshilachada, no interrelacionada, de narrar a saltos y con esos saltos. No omitir lo uno porque sería demasiado doloroso o brutal y no omitir lo otro porque parecería demasiado inofensivo o trivial.

La narración en torno a la violencia puede lo que quizá otras formas textuales no permiten: abordar estas fracturas, estas experiencias que no se conectan entre sí, estas aporías. El «vacío» del que habla Ruth Klüger exige una forma poética propia, es decir, una narración que no se quede en la linealidad, que permita lagunas, que también se interrogue a sí misma y permanezca susceptible. Preservar literariamente el «vacío» es una estética de la resistencia a la violencia con la que me siento comprometida.

Lo que retrospectivamente puede parecer «trivial» no es trivial. No solo porque son los recuerdos de la persona amada, asesinada, sino porque en estos relatos se recupera qué tipo de hombre era antes de que lo humillaran, torturaran y exterminaran. Es una narración que contrarresta los procesos que construyeron a la víctima, al número sin nombre, que opone a todos los conceptos e imágenes de desprecio otros distintos. La narración es especialmente adecuada para esto: porque crea contraimágenes efectivas, pero a la vez mantiene las partes inconexas como inconexas.

Se abre un vacío.

Esa narración que sabe del vacío, que se convierte a sí misma en la tarea de buscar una forma para ello, es una narración en disputa.

Una narración que duda permanentemente si los términos son los adecuados, si las palabras son las correctas, si son suficientes para describir lo que es verdad. La narración en torno a la violencia siempre lucha con el no-es-suficiente, con la preocupación de fracasar narrativamente, de no haber sondeado lo suficiente la profundidad del horror, de no hacer justicia a los muertos o a los heridos. Esto no tiene nada que ver con la estructura de la narración, ni con el vocabulario, sino con la textura de la violencia, con la «densidad» o «sustancia» de lo que hay que narrar.

Esta pugna no significa lo mismo que hablar de lo «inefable». Como escribe Jorge Semprún en *La escritura o la vida*, «Siempre puede expresarse todo, en suma. Lo inefable de que tanto se habla no es más que una coartada. O una señal de pereza. Siempre puede decirse todo, el lenguaje lo contiene todo».[18]

+ + +

Cuando escribo sobre la guerra y la violencia no doy nunca una única idea sobre lo que es. La escritura sobre la guerra y la violencia se sostiene por una esperanza en la que pretende participar al escribir: la escritura parte de un nosotros universal. Parte del supuesto epistemológico de que las experiencias de los demás son comprensibles, imaginables, de que son traducibles de un contexto a otro, parte de la posibilidad de empatía. Y tanto en esto como más allá, parte del supuesto normativo de que nosotros, como seres humanos, no somos iguales, pero sí de igual valor. Una igualdad que, en el presente, se cuestiona empíricamente una y otra vez. Parte de un nosotros humanista que se postula, pero que solo se debe crear escribiendo. Dicho con una variación de una frase de Georges Didi-Huberman: a pesar de todo, lo puedo contar.

La objeción aquí es obvia. Esta suposición de un nosotros moral es diferente de la búsqueda de lo que es verdadero empíricamente. La anticipación normativa (o utópica) a lo que debería ser apunta a algo más allá de lo dado en el presente.

Para mí no se puede hablar y escribir de otra manera que no sea con la expectativa de que las experiencias de los demás cuentan, y que deben contarse porque cuentan como personas, porque tienen un rostro, que puede ser similar o diferente al nuestro, pero es humano.

Esto se pone en duda cada día, en todo el mundo, cada noche, a cada hora. Mientras hablo aquí hay quienes escupen, golpean, ridiculizan, humillan o hieren a alguien por tener un cuerpo diferente a la norma, por no cumplir con los códigos y las convenciones de la norma social, cultural, sexual, religiosa, por tener creencias diferentes, rezar diferente, tener un aspecto diferente, desear de manera diferente a la mayoría. Esto también forma parte de lo que es verdad. Que el nosotros universal se pone en duda y se niega.

Y por eso, para mí, la búsqueda de la verdad discurre siempre en dos direcciones; no solo hacia atrás (lo que has aprendido, lo que es verdad empíricamente y cómo sabes que es verdad), sino también siempre hacia adelante, siempre hacia la anticipación utópica de escribir lo que normativamente es verdad y lo que debería ser: el nosotros universal, humanista.

Muchas gracias.

2. Clima

«Una de las cualidades más extrañas de la mente humana es la capacidad de pensar razonablemente sobre lo irracional», escribió Kathryn Schulz en un maravilloso ensayo titulado «Fantastic beasts and how to rank them» [«Bestias fantásticas y cómo clasificarlas»] en la revista *New Yorker*.[19] Podemos imaginar cosas que sabemos que son realmente improbables o incluso imposibles. No solo eso, también podemos ponernos de acuerdo sobre por qué creemos que algunas cosas que son imposibles son más racionales o probables que otras.

Para que pueda verificarse de manera concreta, el texto recomienda una prueba genial: propone a los lectores y las lectoras una lista de veinte criaturas míticas que han de ordenar según su verosimilitud. Son monstruos ficticios y personajes sobrenaturales (de los más diversos géneros de textos) y, sin embargo, deben ordenarse según lo que podría parecer más posible.

Las opciones son:

ángel, demonio, zombi, gigante, dragón, fantasma, arpía, el monstruo del lago Ness, leviatán, pegaso, elfo, centauro, unicornio, el ratoncito Pérez, fénix, hombre lobo, vampiro, genio, sirena, duende.

Recomiendo encarecidamente a todo el mundo que pruebe a hacer el ejercicio. También en familia o con amigos. Al final, importa menos la secuencia respectiva que las conversaciones que surgen al decidir y comparar. Es notable la pasión con la que de repente se argumenta por qué un pegaso es más verosímil que un centauro, o por qué los elfos son menos probables que los ángeles. La lista de mi novia está colgada en la puerta del frigorífico de nuestra casa y sigue haciéndome reír hasta el día de hoy. Como la más probable de todas las criaturas improbables, mi novia –¿quién lo diría?– puso el unicornio.

Pero el ejercicio se las trae.

En realidad, poner lo imposible en el ámbito de lo posible consiste en realizar con criterios racionales lo que se considera impensable. Consiste en analizar algo que no puede ser preguntándose si una cosa tal vez podría ser más probable que otra. Consiste en dibujar con mayor nitidez imágenes borrosas de algo que temes o deseas, y en desarrollar los criterios para las condiciones de las posibilidades.

Porque eso es lo que sucede: quien tiene que poner en orden a los monstruos ficticios no puede simplemente responder que no existe ninguno, sino que tiene que interrogar y clasificar lo imposible. Por lo tanto, hay que pensar en la fantástica pregunta de por qué motivo sería más probable un gigante que un duende (por cierto, mi novia también puso a los duendes muy por delante en su lista). Inevitablemente, al hacerlo emergen los criterios según los cuales creemos que algo es verosímil, posible y realista. Y, por último, pero no por ello menos importante, se trata de convencer a otros de que es concebible lo que antes consideraban impensable.

Me parece un ejercicio paradigmático que se asemeja a la dura tarea que tenemos que afrontar ante el desastre climático. Tenemos que decir adiós a las ideas fijas y endurecidas de lo que es posible o imposible, tenemos que practicar el pensamiento del «todavía no», tenemos que aprender a pensar y argumentar de maneras fantásticas, tenemos que tratar de dejar de lado las imágenes familiares, arcaicas, y las intuiciones idiosincrásicas, y dejar espacio para otras cosas que hasta ahora descartábamos. A veces, lo que nos parece probable es solo lo que se nos ha inculcado como probable. A veces, lo que nos parece improbable es algo que se nos ha enseñado a considerar poco conveniente. Así también se nos ha desacostumbrado al anhelo, a la esperanza, a la imaginación. Los límites de lo imaginable son límites ideológicos, construidos a partir de convenciones, de intereses económicos, de intimidación. Cualquier ejercicio destinado a imaginar lo impensable ayuda a no considerarlo insuperable.

Así que tal vez valga la pena pensar que el unicornio es posible.

+ + +

La narración fáctica, como he tratado de demostrar, se dedica a la búsqueda de lo que es verdad. «¿Qué has aprendido que sea cierto?»: la pregunta del personaje de Toni Morrison como *leitmotiv* de la primera conferencia también se aplica a la crisis climática. Una vez más, lo que es cierto debe ser investigado en su temporalidad. La búsqueda de la verdad en el contexto de la amenaza existencial de la crisis climática puede y debe pensarse en diferentes direcciones temporales, hacia atrás o hacia delante. En la dirección de lo que es verdad, como lo que ya ha sucedido, e igualmente en la dirección de lo que será verdad, lo que es muy probable que suceda si continuamos como hasta ahora.

La narración misma está sujeta una vez más a su propio plano temporal: la gran urgencia con la que no solo se debe contar, sino sobre todo actuar.

Lo que es verdad, frente a la guerra y la violencia, significa asimismo reflexionar sobre cómo pudo suceder lo que sucedió, y esto significa entender la violencia no como algo natural, no como algo dado, no como algo inevitable, sino buscar siempre aquellos momentos en los que podría haber sucedido algo distinto, en los que alguien podría haber dicho «no». Significa describir la violencia siempre como algo que ha acontecido, algo que se compone de muchos pasos y decisiones individuales, decisiones que también podrían haberse tomado de otra manera. Significa asimismo contar lo que hubiera sido posible, qué opciones de actuación, qué espacios de libertad había contra los cuales alguien se ha decidido.

Lo que es verdad en el contexto de la guerra y la violencia significa también contar quién era alguien antes de la humillación y el desprecio, antes de que la detención y la tortura o la huida y el desplazamiento golpearan y transformaran a esa persona. Además, y ese fue el punto de fuga de la primera conferencia, narrar en el contexto de la guerra y la violencia siempre implica narrar lo que aún no es. La búsqueda de lo verdadero puede y debe referirse no solo a lo que ha sucedido, no solo a lo que el presente nos revela como rostro de lo inhumano, sino también, y en cualquier caso, a lo que está más allá y permanece intacto, a la dignidad humana inviolable.

La narración de lo que es verdadero contiene siempre un momento normativo, una anticipación o rememoración de esa humanidad que siempre ha sido válida, aunque sea cuestionada y negada cada día. Justificarla y ponerla en práctica es la primera tarea de mi escritura. En esta pretensión de trabajar con y en la escritura hacia el nosotros universal hay una esperanza utópica.

Hay una multitud de similitudes estructurales al reflexionar sobre lo que es verdad en el contexto de la crisis climática, pero también algunas divergencias. También aquí me interesan especialmente las direcciones de la verdad o la relación entre verdad y utopía. Pero también contra qué resistencias, contra qué mecanismos de defensa y contra qué resentimiento hay que narrar. Narrar a pesar de todo.

+ + +

HACIA ATRÁS

Si queremos reflexionar sobre el desastre climático, si queremos describir lo que es verdad, podemos describir primero lo que ya ha sucedido, es decir, mirar hacia atrás, a lo que está sucediendo todos los días, en todas las partes del mundo. No son monstruos ficticios, no son monstruos imaginarios. Se trata de catástrofes reales, brutales y multifocales: sequías, incendios e inundaciones son reconfiguraciones completas de formaciones geográficas, de las condiciones de vida para las especies vegetales y animales, no solo en regiones aisladas, no solo en el llamado sur global o en el llamado norte global, no en algún momento de un futuro indeterminado, sino en todas partes y ahora mismo. La crisis climática no tiene exterior. Todos estamos inmersos en ella y entrelazados con ella. Nos afecta a todos, aunque en proporciones desiguales.

El otro día intenté reconstruir la primera vez que vi un paisaje devastado. Una zona en la que se hubiera producido un desastre natural, un paisaje en el que la intervención humana o el cambio climático hubiera dejado su huella. Las minas de plata de Potosí en Bolivia en 2010, el terrible terremoto de Haití en 2010, los glaciares en el Ártico en la estación de investigación de Ny-Ålesund en 2018. Pero ¿qué pasa con todos los paisajes que vi antes con ingenuidad, sin comprenderlos como devastados porque la destrucción me parecía tan natural? ¿Cuánto tiempo hemos estado viendo sin comprender qué estábamos viendo? ¿Cuánto tiempo hace que no comprendemos la naturaleza como algo que no existe separado de nosotros, como un mero material del que podemos servirnos, sino como un mundo estrechamente unido a nosotros que no podemos cambiar o destruir sin cambiarnos y destruirnos a nosotros mismos?

Al igual que ocurre con la violencia en el trópico de la guerra, en cuanto a la crisis climática (también es una forma de violencia) se trata de describirla como algo que se ha creado, de describir la destrucción no como algo natural, no como algo inmutable, sino como algo que se ha hecho, el Antropoceno, algo que tiene una autoría, de lo que alguien es responsable, porque siempre ha habido la posibilidad de decidir de manera diferente, de actuar de manera diferente, de detener la explotación de los recursos naturales, la emisión de CO_2, la contaminación de los suelos.

Esto sería lo lógico. Describir la dramática devastación ecológica que estamos experimentando en el presente. Esto también es más comprensible desde el punto de vista metódico: las causalidades se pueden analizar y describir de manera comparativamente fidedigna. Este tipo de narración de la crisis climática está presente además en la actualidad de los medios de comunicación. En la mayoría de los casos, la atención se centra en zonas concretas, cuando se inundan grandes regiones de Pakistán, cuando Nueva York se sumerge en una nube de ceniza naranja procedente de los incendios de Canadá, cuando los suelos de permafrost comienzan a descongelarse en Siberia. Esto es relativamente fácil.

En cambio, resulta algo más ambicioso, en esta visión retrospectiva de la catástrofe climática como algo provocado, reconstruir los costes, es decir, hacer que los factores y actores causantes se hagan responsables de lo que están causando en lo que atañe a daños sociales, económicos, de salud y ecológicos. En la conferencia sobre el clima de Sharm el Sheij se acordó por primera vez un fondo de compensación que prevé pagos compensatorios a los países más afectados por el calentamiento global. Solo el grupo V20 de cincuenta y ocho países especialmente vulnerables estima sus costes en los últimos veinte años en 525.000 millones de dólares.

También existen cálculos cada vez más precisos de los daños sociales causados a nuestras sociedades por el CO_2, los «costes sociales del carbono». El Instituto Potsdam para la Investigación sobre el Impacto del Cambio Climático y el Instituto de Investigación Mercator sobre Bienes Comunes Globales y Cambio Climático han calculado que hoy en día, por cada tonelada de CO_2 emitida, se deben estimar unos cien euros en costes por daños climáticos. Sin embargo, también calculan hacia adelante. Para la segunda mitad del siglo XXI, se estima que estos costes sociales ya serán de 800 euros por tonelada, es decir, casi se habrán multiplicado por diez.[20]

+ + +

HACIA ADELANTE

Pero si queremos hablar y escribir sobre el cambio climático, si queremos sondear la realidad del cambio climático, si hemos comprendido lo que significa el cambio climático, si queremos transmitir la urgencia de proteger el medio ambiente, debemos narrar sobre todo hacia adelante. Es una narración de lo que nos espera, de lo que vendrá, es una narración que hace indispensable la imaginación. Es un pensamiento catastrófico sobre lo que será verdad, con un sinfín de variables que examinan en cada caso lo que podría llegar a ser verdad.

El pensamiento del «todavía no» en el contexto de la crisis climática posee una estructura que la comunidad global ya tuvo oportunidad de aprender e internalizar durante la pandemia (o al menos debería haberla aprendido). Ya entonces hubo que formular lo que es muy probable que suceda, lo que podría suceder, en la sintaxis de las funciones del «si-entonces». Si se reducen los contactos, si cada persona se reúne solo con las personas de su propia casa, si el factor de contagios R es tal y tal, si se cumplen ciertas condiciones, entonces, en tres semanas, en seis semanas, en tres meses se producirá el siguiente escenario. Así, lo que se hace y se implementa se calcula de la misma manera que lo que se deja de hacer o se rechaza. Este pensamiento en escenarios «si-entonces» se pudo entrenar durante la pandemia. Las unidades temporales eran más cortas, las consecuencias de las propias acciones o abstenciones se veían más rápidamente. Las distancias son mayores en la crisis climática. Se calcula y modela no en periodos de tres semanas ni de seis semanas, sino de años o décadas.

El tiempo ha sido y sigue siendo la moneda definitiva en estas crisis. Cualquier inacción en el presente se castigará inevitablemente en el futuro previsible. Ya no se puede recuperar el tiempo perdido, ignorado y desperdiciado, ya sea en la pandemia o en la reducción de las emisiones de gases de efecto invernadero. La limitación del aumento de la temperatura global en 1,5 grados que se fijó en el Acuerdo de París se llama «objetivo climático», como si solo fuera un buen propósito de Año Nuevo que nadie se siente obligado a cumplir. Como si fuera una tarea en la que fracasar resultara lamentable, pero no realmente fatal.

Pero no se trata de meras promesas arbitrarias. Después de esto no viene el siguiente buen propósito, como 3 o 4 grados. Algunos subsistemas del sistema climático tienen umbrales críticos. En ellos, el clima ya no se desarrolla de forma lineal, sino que hay puntos de ruptura. Después de esto, existe el riesgo de que se produzcan cambios cualitativamente significativos o irreversibles. Tal vez haya que explicarlo mejor. Tal vez sea necesario deshacerse del sobrio lenguaje técnico que disfraza el horror. Hay límites de la ignorancia ecológica, se los llama eufemísticamente «puntos de inflexión», como si después pudiera seguir balanceándose alegremente, pero son más bien abismos sin retorno.

Si el calentamiento global continúa sin disminuir, si se rompe el objetivo de 1,5 a 2 grados, entonces el derretimiento de la capa de hielo de Groenlandia y la erosión de la Amazonía como procesos irreversibles serán cada vez más probables.

Irreversible significa irreversible.

Sin vuelta atrás.

Si lo entendemos tarde, ya no será tarde, sino demasiado tarde.

Después de eso, el mundo no deja de existir. Después de eso, no hay un apocalipsis vacío. Pero después de eso, algunos cambios en el clima son imparables.

Por lo tanto, es una cuestión existencial que la narración de la crisis climática también opere hacia adelante. Además hay modelos con los que se puede calcular el «todavía no», dependiendo de si se pasa a la acción o no, de si se toman medidas efectivas para proteger el clima o se obstaculizan.

En primer lugar, puede sorprender clasificar algo que aún no ha sucedido en una conferencia sobre narración «fáctica». Tiene que haber alguna réplica. Está claro que los modelos no son «hechos». Todavía no se han vuelto realidad. Son modelos, son estimaciones, son cálculos. No son reales ni verdaderos. No se pueden afirmar simplemente como verdad. Son frágiles porque dependen de un gran número de variables. Pero lo cierto es que se pueden predecir muchas cosas. Algunas leyes de la física no se pueden eludir, algunos puntos de inflexión ya no pueden revisarse. Y las consecuencias de las propias acciones o inacciones se pueden predecir en escenarios. Estos modelos pueden y deben describirse, porque lo que se puede demostrar con ellos tiene el poder de ponernos en peligro o salvarnos.

Precisamente aquí, en lo que aún no existe, a la hora de describir lo que sucederá, no son solo gráficos y curvas lo que importa. Para que los modelos se entiendan en su urgente llamada a la acción, los escenarios deben ser realmente concebibles. Lo que será verdad debe convertirse en algo plástico, perceptible de manera concreta. Y, para ello, está claro qué papel puede y debe jugar la narración. Si los modelos son demasiado abstractos, si los escenarios se presentan con austeridad como meras posibilidades, pueden transmitir una base científica, pero no la urgencia que se necesitaría.

+ + +

Cualquiera que reflexione sobre lo que es verdad cuando escribe, que pase toda su vida como escritor reflexionando principalmente sobre la violencia y sobre cómo esta perjudica a las personas, debe hablar también de la violencia de la crisis climática, que ya está causando muerte y destrucción en el presente, pero que clara, previsible e inevitablemente seguirá dañando y amenazando nuestro entorno vital y nuestra existencia.

Desde un punto de vista puramente analítico hay que distinguir entre aquellos escenarios en los que no se toman medidas drásticas, en los que la transformación ecológica no se detiene por desidia o intencionalmente, en los que no se reducen las emisiones, no se frena el calentamiento global y no se pone fin a la extinción de las especies, y aquellos escenarios en los que se cumplen los objetivos climáticos y se reducen las emisiones mediante una intervención drástica y se consigue una transformación social y sostenible de nuestro modo de vida.

Lo primero son las narrativas más distópicas, los escenarios espantosos de la destrucción inexorable de nuestro mundo, y lo segundo se parece más a las fantasías de la buena vida en un mundo que se valora y protege de otra manera. Ambos cuentan hacia adelante, ambos cuentan en el conflicto entre la verdad y la utopía, pero difieren en el hecho de anticipar y cartografiar el fracaso o el éxito.

En mi opinión, el movimiento climático se sostiene y cae con la decisión estratégica sobre cuál de los escenarios prefiere, con cuál busca movilizarse.

Es importante indagar en las razones por las que algo, pese a todas las reticencias, todos los miedos, todos los hábitos, puede ser posible después de todo. Al igual que en la prueba con los monstruos ficticios, es importante dialogar con los demás para buscar criterios que definan por qué algo puede ser concebible.

Así pues, eso significa no solo detallar los escenarios distópicos, no solo esbozar lo que es preocupante, sino también los escenarios deseables, aquellos que infunden esperanza. Por desgracia, a menudo se pasa por alto la narración hacia adelante, la reflexión sobre lo que no solo puede ser cierto, sino además bueno. Por lo general, predominan los escenarios catastróficos, no las visiones de una buena vida. Tal vez porque después de la caída del Muro de Berlín se proclamó el fin de la historia y el pensamiento progresista y utópico se desacreditó durante tanto tiempo que hoy en día, tristemente, solo los movimientos posfascistas lo reclaman con sus fantasías inhumanas del pueblo «puro». Es incomprensible por qué se deja en manos de los ideólogos de derechas el desarrollo de fantasías radicales. Y por qué aquellos con propuestas democráticas, inclusivas y justas para un futuro socioecológico parecen tan escasos y sombríos. Como si tuvieran que transmitir algo que representa una carga, como si no hubiera nada que ganar, como si el cambio fuera solo un deber lleno de pérdidas y no una perspectiva fructífera de una vida distinta.

Pero para todos los que están comprometidos con la protección del medio ambiente, esto debe ser indispensable: explicar, describir, argumentar lo que puede salir bien, la cuestión de cómo queremos vivir, cómo una forma de vida sostenible siempre puede y debe ser social, justa y democrática. Necesita una utopía como horizonte, como perspectiva, como medio de transporte del anhelo.

Quien quiera hacer frente a la catástrofe climática, quien quiera mostrar lo que es y lo que será verdad, debe llevar a cabo al menos tres tareas: primero, cartografiar; segundo, decir la verdad y tercero, traducir.

+ + +

CARTOGRAFIAR

Para esta demostración del «todavía no», de lo que podría ser verdad, se necesita una idea concreta de cómo llegar hasta allí. El pensamiento utópico no ha de ser un pensamiento de no-lugar, sino que debe llenar los espacios vacíos; también debe abrir espacios de actuación en los que se pueda crear un futuro diferente.

Si tuviera que encontrar una imagen para representarlo, escogería el fragmento de una tabla de 2.500 años de antigüedad, el mapamundi babilónico expuesto en el Museo Británico de Londres. En la mitad inferior del fragmento de arcilla aparece grabado un anillo formado por dos círculos concéntricos, que lleva inscrita en escritura cuneiforme la palabra *marratu* («agua amarga», es decir, océano). En el interior hay varios círculos más pequeños y un rectángulo ligeramente curvado que atraviesa un rectángulo horizontal: el Éufrates, que fluye a través de Babilonia. También está representada la «montaña» de la que nace el Éufrates, así como el «pantano» en el que desemboca. Pero lo mejor del mapamundi babilónico es que también enumera aquellas regiones que se encuentran al otro lado del océano. Estos lugares imaginarios más allá del mundo conocido se dibujan en forma de triángulos que se conectan con el círculo exterior y apuntan en diferentes direcciones. En ellos se pueden ver no solo conjeturas misteriosas sobre las distancias en lo desconocido (seis millas entre los lugares «donde no se ve el sol»), sino también referencias a todo tipo de animales (camaleones, monos, avestruces, cebúes, leones y lobos).[21]

Un mapa no se limita en absoluto a representar el espacio, sino que lo estructura. Un mapa siempre tiene, por necesidad, una perspectiva concreta que determina lo que se registra y lo que no. Determina qué es centro y qué periferia, del mismo modo que establece los puntos cardinales. Al igual que los triángulos en el mapa fragmentario de Babilonia, puede apuntar al espacio aún no descubierto, al más allá de lo existente. El mapamundi babilónico, que también muestra las zonas desconocidas, exige humildad al observador, exige comprender que el mundo conocido no lo es todo, que hay un espacio imaginable, no descubierto.

Este espacio imaginable es el que hay que cartografiar. Es ese pensar hacia adelante, hacia el «todavía no», lo que se necesita urgentemente frente a la crisis climática. Por varias razones. Por un lado, porque se necesita una idea de lo que puede ser posible, de lo que podría ser verdad, de cómo podrían servir nuestras acciones para salir del estado de inacción reflexiva. Y, por otro lado, porque se necesita el «todavía-no» como imagen opuesta al presente, como instrumento de la crítica.

Quien calcula lo que podría ser al menos demuestra lo que no debería ser, lo que podría ser diferente. Modelar lo que podría ser verdad, y, aún más, definir con precisión lo que sería posible, cambia la carga de la justificación. Los que tienen que justificarse ya no son los que quieren cambiar algo, ya no son los que quieren cumplir con los objetivos climáticos los que pueden ser desacreditados como fantasiosos elitistas, sino que los que tienen que justificarse son los que obstaculizan la acción.

Esto es lo que hace la comunidad científica, lo que hacen los climatólogos como Ottmar Edenhofer y el Instituto Potsdam para la Investigación sobre el Impacto del Cambio Climático, o todo el personal del Instituto Wuppertal, lo que hacen Dirk Messner y el equipo de la Agencia

Federal de Medio Ambiente y muchos otros en institutos y áreas de investigación. Todos ellos muestran lo que sería posible, con qué instrumentos y procedimientos, y con ello también señalan lo que sería evitable.

En términos concretos: quien dibuje el mapa de un multilateralismo cooperativo en el que los países más pequeños de Asia o de América Latina puedan abandonar los combustibles fósiles con una condonación de la deuda o con un fondo de inversión también apoya las críticas justificadas contra aquellos países que se oponen a un instrumento de financiación de este tipo.

O bien, cualquiera que desarrolle conceptos para gravar la emisión de CO_2 (sin comprobación de recursos) en los que se tengan en cuenta las cuestiones de la justicia distributiva horizontal y vertical, invalidará todos los reflejos defensivos contra el gravamen que se alimentan de la preocupación por la incompatibilidad social. A menudo se evoca el espectro aterrador de los «chalecos amarillos» como un telón de fondo amenazante para moderar de inmediato los problemas de fijación de precios del CO_2.

O bien, quien desarrolle conceptos de movilidad no solo para las zonas urbanas, sino también para las rurales, quien muestre cómo sería posible y financiable menos coches, más posibilidades de transporte compartido, más aplicaciones para ofertas de *sharing*, otras tecnologías de propulsión, quien calcule cómo podrían ahorrarse emisiones mediante la limitación de la velocidad aumenta la presión sobre aquellos que solo enarbolan el término «apertura tecnológica» como un cartel retórico tras el cual no hay nada. Un significante vacío, que solo sirve como escudo. Sin concepto, sin sustancia, sin perspectiva.

Además, entre los que realizan la importante tarea de cartografiar también se cuentan todos aquellos que trabajan en los consejos de ministros o en los ministerios o en las direcciones políticas de los partidos, en conceptos, en leyes, en el derecho reglamentario, en evaluaciones o exoneraciones fiscales, todos aquellos que desarrollan y muestran las condiciones contractuales, financieras y sociales, abriendo así márgenes de maniobra.

Pero son asimismo todos aquellos en los espacios de la sociedad civil que ya están desarrollando prácticas experimentales a través de formas alternativas de vivir, de viajar y de compartir. Prueban otros hábitos, otras técnicas, prueban cómo vivir de forma sostenible y respetuosa con los recursos disponibles. Qué prácticas son tediosas e ineficientes, pero también cuáles son divertidas y agradables. Además prueban y descubren nuevas formas de comunidad, de vecindad, y así desarrollan otras infraestructuras sociales de la sociedad.

La cartografía de posibilidades inexploradas no es solo una tarea teórica, sino también una tarea de la vida real. Todo el mundo puede participar. Además, se pueden descubrir los espacios de lo posible a través del juego, a través de una creatividad indeterminada, sorprendente y placentera, a través del arte que no está limitado por un fin concreto, ni es útil, ni está orientado a su utilización.

Estas prácticas experimentales se olvidan con facilidad. Pero son fundamentales.

+ + +

DECIR LA VERDAD

Ahora, ante la catástrofe climática, la narración y la argumentación se enfrentan a umbrales y resistencias similares a los que existen en el contexto de la guerra y la violencia.

En primer lugar, existe la resistencia cognitiva a imaginar como real algo que no cumple con las expectativas normativas. Esto es lo que he experimentado con demasiada frecuencia en zonas de guerra, lo increíble que resulta lo que se oye (o incluso lo que se ve con los propios ojos) precisamente porque destroza las propias ideas de lo que las personas pueden hacerse unas a otras.

Lo que es verdad: la destrucción de nuestros recursos es insoportable. Lo que es verdad: la catástrofe climática destruye todo aquello que considerábamos seguro. Lo que es verdad disuelve certezas anteriores y comodidades ya conocidas. Lo que es verdad no debe ser verdad, no quiere parecer creíble. Porque ¿qué significaría eso si fuera verdad? Más aún, ¿qué nos exigiría?

Hay una doble resistencia en este punto: por un lado, la mera comprensión de lo que constituye una anomalía. Esto es difícil de entender. La amenaza existencial real para el mundo es inconcebible. Sin embargo, también nos resistimos a esta idea porque requiere reflexionar sobre la propia contribución y el propio fracaso. No es solo el pensamiento catastrófico lo que se requiere, no es solo la comprensión de la crisis, sino la responsabilidad propia. Frente a ello también se levantan barreras internas.

Esta incomodidad es comprensible, y supongo que todos la conocemos y la sentimos. Es angustioso admitir que la propia ocupación, el trabajo de por vida en una mina o en una plataforma petrolera, en una empresa química, en la industria mediática (que durante décadas ha exotizado e ignorado la catástrofe climática como un supuesto tema del nicho de los ecofrikis) o en la agricultura puede resultar perjudicial. Está claro que nadie de mi generación quiere esto para sí mismo y para su propia vida: saber lo que se ha perdido, lo que se ha desperdiciado, de lo que hemos sido cómplices.

Es como en *La muerte de Iván Ilich*, de Lev Tolstói, donde, a las puertas de la muerte, Iván Ilich se pregunta con horror: «¿Y si en realidad toda mi vida, mi vida consciente, no ha sido "como habría debido ser"?». «Y si eso es así –se dice a sí mismo–, y voy a abandonar la vida con la conciencia de haber destruido todo lo que me ha sido dado, sin haber sido capaz de poner remedio a nada, ¿qué será de mí?».[22]

Resulta exasperante admitir que todo el esfuerzo, todo el dolor, todo el trabajo que ha dejado huella en el cuerpo, todo lo que se ha construido, que tal vez también ha nutrido y sostenido a la familia y a las próximas generaciones, ha sido parte de una relación destructiva con el mundo. Resulta exasperante preguntarse qué se podría o se debería haber entendido antes; asimismo, es difícil tener que ver las consecuencias ambivalentes de aquello de lo que uno se sentía orgulloso.

Quien se pregunte cómo se explica el «enorme fracaso de las respuestas» (Bruno Latour/ Nicolaj Schultz) a la crisis climática, quien se pregunte cómo se puede contar lo que es verdad, debe tomarse en serio estos sentimientos.[23] Las resistencias afectivas a comprender las tareas socioecológicas son tan comprensibles como legítimas. Pero el asunto no puede quedarse ahí. Al fin y al cabo, las emociones también pueden ser cuestionadas. Aunque algo nos resulte difícil, aunque una verdad nos incomode, aunque lleguemos a una conclusión dolorosa, es posible aceptarla. En la opinión pública actual, a veces da la impresión de que los sentimientos son fundamentalmente inviolables, autoridades casi sagradas. Como si los sentimientos no pudieran calificarse de apropiados o inapropiados, como si no pudieran encauzarse o transformarse. También se extiende una infantilización grotesca que quiere convertirnos en sujetos inmaduros del afecto.

Esto sucede del mismo modo en el contexto de las guerras: la angustia de tener que tomar consciencia de hasta qué punto la violencia que padecen otros, que se les impone a otros, está directamente relacionada con lo que los propios gobiernos y las propias sociedades han causado o permitido. No solo qué crímenes históricos en otras regiones del mundo se iniciaron en Europa o el norte global, como la violencia en las colonias, y la deportación y esclavitud. No solo la explotación de los recursos naturales en el pasado. Sino también las alianzas con regímenes dictatoriales y autocráticos de la actualidad, las relaciones comerciales con Estados totalitarios, el suministro de armas a gobiernos represivos, no precisamente afines a la democracia.

En lo referente a la catástrofe climática, este malestar puede ser, aunque no estoy segura, más directo, la propia implicación puede ser más acuciante porque, si lo permitimos, cada cual puede entender su propia contribución al desastre. Nadie quiere (tener que) imaginarse lo que es posible, es decir, no solo lo que nos espera, sino lo que ya nos está sucediendo, lo que ya hemos hecho. Nadie quiere conectar los distintos desastres, las sequías, los incendios forestales, las inundaciones; nadie quiere pensar en los diferentes lugares en su conjunto, nadie quiere pensar cuál fue su contribución, nadie quiere pensar en la catástrofe, porque siempre se habla de quién la ha causado, de quién es el culpable, porque nadie quiere pensar que está en conflicto con las prácticas y los hábitos que llamamos vida. Así, en el discurso privado y público se construye cada vez más una protección epistémica contra los estímulos que ayuda a ocultar la triste verdad.

«Pero no hay ningún enigma. Solo hay encubrimiento», escribe el estudioso de la literatura Jan Philipp Reemtsma en *Confianza y violencia*. Y continúa: «Encubrimos la catástrofe para no tener que soportar nuestra normalidad como una irritación permanente».[24] Esto también se aplica a la crisis climática: si fuésemos sinceros, no plantearía ningún enigma, pero desde la política se encubre de manera activa. En el campo político-mediático existe una enorme operación de encubrimiento y represión que quiere inmunizar a la ciudadanía contra el dolor que tendríamos que sentir si nos involucráramos en las constantes alteraciones, trastornos y destrucciones que ha causado nuestro modo de vida fósil.

Esto se ha vuelto obvio en los últimos meses: con qué crueldad (especialmente en los medios de comunicación del grupo Springer y en los *talkshows*, pero también en Telegram y TikTok) se ha puesto en marcha la máquina de mutilación mental y se han desfigurado y demonizado unas propuestas de ley relativamente simples y socialmente inclusivas hasta el punto de ser irreconocibles, hasta que ya nadie ha podido entenderlas. Lo que ha hecho no solo la oposición, sino también parte del Gobierno con la Ley de Energía de los Edificios solo se puede describir como un espectáculo del encubrimiento.

Me parece inútil conjeturar sobre los motivos: si se trata de pura falta de imaginación y de concepto sobre el cambio ecológico, si se trata de flema mental o corrupción fósil, o de una ruin conspiración contra la competencia política. Tampoco me interesa ahora dirigirme a personas o partidos específicos.

Pero me preocupa la metodología sistemática de tergiversación que no tacha de inaceptables las altas emisiones ni las energías fósiles, sino las medidas para su contención y el giro hacia las energías verdes. Me preocupa la agitación manipuladora, la desinformación, la mentira, la difamación, el enmascaramiento con que se oculta lo que es verdad, lo que probablemente será verdad, lo que hay que hacer para evitar la catástrofe. Esto no significa que no pueda haber disidencia, no significa que no pueda haber

102

diferentes perspectivas, diferentes estrategias, diferentes instrumentos. Esto no quiere decir que no pueda haber terrenos inseguros, ambivalentes y turbios. Pero se puede y se debe hacer preguntas y reflexionar sobre ellas. También puede y debe haber diferencias razonables entre los diversos partidos y sus convicciones programáticas.

Esto es distinto de los lanzadores de niebla masivos que solo pretenden crear confusión, que solo generan agitación por el mero gusto de generar agitación.

+ + +

A veces me pregunto si debería envidiarlos, si no sería más fácil liberarme del apego a las razones y a los argumentos, sin tener que buscar pruebas de que algo puede considerarse verdadero para poder afirmarlo con seguridad. Debe de ser de lo más relajado. Simplemente soltar tus balbuceos. A veces me pregunto si no son siempre inferiores en el espacio público los que albergan dudas sobre sus propias posiciones. Quienes tienen que preguntarse sobre sus propias limitaciones, sobre los prejuicios culturales o sociales que limitan su enfoque. A veces me pregunto si no llevan desventaja quienes se preguntan por la genealogía de cómo se ha producido algo y cómo habría sido posible otra cosa, si no es siempre inferior quien asume su responsabilidad, quien siente el compromiso de tener que responder por cada palabra, cada frase, pero también por cada silencio.

A veces me pregunto si no me gustaría poder contar historias con tanta alegría, manejar las declaraciones de una manera realmente creativa y relajada; a veces me pregunto si no debería dejar de lado mi propia vacilación, esta voluntad de precisión. Debe de ser maravilloso no preocuparse por las dudas e inseguridades, pienso para mis adentros. A veces me pregunto si no me gustaría tener esa velocidad con la que los demás son capaces de juzgar, ese ritmo trepidante con el que la gente analiza y evalúa lo que es verdad y lo que no lo es. Siempre me quedo atrás. A veces me pregunto cómo debe sentirse uno andando por ahí con esa certeza.

Pero esto no es así.

+ + +

En sus lecciones magistrales de 1983, que aparecieron en *El gobierno de sí y de los otros*, Michel Foucault formuló la idea de decir la verdad a partir de la *parrhesia* griega.[25] Hablar así siempre tiene una dirección: el destinatario de la verdad de Foucault es siempre un poder autoritario, un tirano. Decir la verdad en este caso es siempre un discurso de resistencia y disidencia contra lo que está prescrito. Siempre es un discurso rebelde, indeseado. Quien dice la verdad, en el sentido foucaultiano, se toma una libertad que no está permitida, quien dice la verdad habla sin estatus, sin requerimiento. Se toma la palabra y se pronuncia la verdad ante el tirano.

El discurso foucaultiano de la verdad tiene varios requisitos. No es suficiente limitarse a decir la verdad, sino que la *parrhesia* también exige que realmente la creas. No solo digo algo verdadero, sino que también creo que es verdad. La *parrhesia* no puede decirse con una intención manipuladora y engañosa. Como afirmación, no solo es verdadera, sino que siempre es veraz.

Esta forma de decir la verdad es lo que importa en el discurso político de hoy en día. Debemos decir la verdad cuando hablamos o escribimos sobre la crisis climática. Porque hay una fuerte y poderosa resistencia a las medidas contra el cambio climático. Todavía se necesita coraje. Esto se aplica a todos los que viven en regímenes autoritarios, a todos los que se oponen a las estructuras e intereses fósiles; esto se aplica a los sin tierra, a las comunidades indígenas que se oponen a la destrucción de sus medios de vida, a quienes quieren proteger los recursos naturales de la explotación o la destrucción, a quienes viven en regiones donde no se respetan los derechos, que se enfrentan a redes criminales mafiosas, cercanas al Gobierno o paraestatales, a todas las víctimas de la difamación y las amenazas a través de las redes sociales o los abogados sin fronteras o los movimientos brutalizados.

Esto se aplica a todos los que se plantan en este momento, en el ámbito local o internacional, con sus personas, sus discursos, sus análisis, sus proyectos, sus gestos y sus cuerpos, y defienden la protección medioambiental. No es fácil hacer campaña gratis por la protección del clima. De la misma manera que no es gratis defender los derechos humanos. Tiene un precio psicológico, social, físico, es una carga. Exige no solo buscar buenos argumentos, no solo tener aliados adecuados, no solo usar herramientas creativas y poderosas, sino que siempre exige decidirse contra la propia desesperación, contra el agotamiento, contra el anhelo de una vida más cómoda.

Debo admitir que, por mucho que me sienta comprometida con la idea de decir la verdad, por mucho que me preocupe en este momento, hablar en el presente es angustioso y también aterrador. Sé que estoy protegida por un Estado de derecho democrático. No es un régimen totalitario, no es una dictadura autoritaria. Es una suerte inmerecida. Y por eso también nos obliga a no subestimar nuestras propias posibilidades, nuestras propias libertades. También nos obliga a no dejarnos intimidar a la hora de aprovechar los espacios que (todavía) existen. Porque otros, en regímenes no libres, en zonas más pobres, más desfavorecidas del mundo, se atreven cada día a decir esta verdad.

Y, sin embargo, también aquí en Europa hay movimientos autoritarios, antiilustrados, que intentan impedir un nivel de discurso razonable y civilizado. Hay un discurso público cada vez más brutal en el que se hace propaganda con tremenda violencia, con tremenda agresividad, contra las voces democráticas y emancipadoras. Los movimientos de extrema derecha y fascistas apoyan o manipulan a grupos inseguros o reacios al cambio. Un periodismo sensacionalista cada vez más desinhibido y algunas figuras influyentes distorsionan y simplifican las controversias políticas complejas, no se sabe si por desesperación económica o por cálculo ideológico. Y, por supuesto, hay actores internacionales que practican la subversión sistemática del discurso a través de TikTok y YouTube y de la guerra digital para desestabilizar las sociedades democráticas.

Todos ellos alimentan la desconfianza colectiva, producen y canalizan resentimientos contra «la élite», contra «los verdes», contra las «prohibiciones», contra la «ideología de género», contra los «derechos trans», contra el «activismo climático» y, cada vez más, contra la «ecodictadura». Desean y esperan con ansia que el odio desemboque en violencia. Es solo cuestión de tiempo y oportunidad. Es una mezcla confusa de objetos de desprecio, una oscura retícula contra la ilustración, en busca de motivos y tropos cambiantes.

Los agitadores y movimientos antidemocráticos se están movilizando mediante diferentes configuraciones, ya sea en Pegida,* entre los Querdenker** o, más recientemente, en protestas contra las medidas de protección medioambiental. Buscan un tema, un término desencadenante con el que absorber energía y recargarla. No importa si se trata de «migración», «vacunación» o «bomba de calor». Hasta que se publique este libro, probablemente habrá nuevos términos o nuevos temas a los que añadir carga afectiva para avivar el resentimiento.

Funciona como un caballo de Troya que permite penetrar profundamente en el corazón democrático de la sociedad. El tema correspondiente se incorpora en la misma narrativa eterna de los de «allá arriba» y los de «allá abajo», se construye alrededor del concepto de «libertad», una historia sobre que la «libertad» está amenazada, que los propios derechos, el propio «espacio vital» o la propia familia supuesta-

---

* Acrónimo alemán de Patriotas Europeos contra la Islamización de Occidente, movimiento nacionalista de extrema derecha. (*N. de la T.*).

** El movimiento Querdenker, «pensadores laterales» o «inconformistas», surgió en Alemania a raíz de la pandemia para movilizarse contra las vacunas y las medidas de protección frente a la COVID-19. (*N. de la T.*).

mente ya no están protegidos. El lugar de colocación es decisivo: debe aterrizar en el centro burgués de la sociedad, donde ha de germinar la semilla de la desconfianza en la democracia.

A los «falsos profetas» (Leo Löwenthal) no les interesan las cuestiones sociales reales, la creciente desigualdad en nuestras sociedades o la difícil situación de las familias en contextos laborales precarios. Toman aquellos campos temáticos en los que se muestra lo que Löwenthal llama «malestar social», donde se acumulan el desamparo y las experiencias de impotencia. Se caracterizan por una acusación difusa. Cuanto menos precisa, mejor. No les interesan las soluciones. No quieren crear nada, no quieren romper jerarquías, no quieren eliminar la injusticia. Solo quieren provocar emociones e intensificarlas hasta el extremo. Se excitan con la excitación, buscan el miedo y la desesperanza, y los explotan.

Hay movimientos y regímenes que actúan en todo el mundo y que alimentan el desprecio por la modernidad ilustrada, que a veces se dirige contra los virólogos, a veces contra los activistas climáticos o el ministro de Economía, a veces contra las feministas y las personas *queer*, a veces contra la radio pública y los migrantes. No se trata solo de grupos de presión y *think tanks* locales, figuras de extrema derecha y partidos autoritarios, sino que, con demasiada frecuencia, se trata de movimientos conectados a escala internacional. Reciben el apoyo de actores estatales (como Rusia, China, Irán, Corea del Norte), pero también de movimientos o instituciones no estatales (como los institutos ultrarreligiosos estadounidenses o los que niegan el cambio climático, por ejemplo, el Heartland Institute).[26]

Tal vez sea necesario recordarlo una vez más: el régimen de Vladímir Putin tiene como objetivo desestabilizar las sociedades democráticas, tiene como objetivo atacar los principios de la Ilustración, los derechos humanos y civiles, tiene como objetivo minar la protección de las minorías. Quien quiera defender las democracias europeas no solo puede procurar armas para Ucrania, sino que la seguridad europea también depende de si se defienden la racionalidad y la investigación, los derechos humanos y los derechos civiles (tanto en el exterior como en el interior).

Por lo tanto, la lucha por una mayor protección del clima y los derechos humanos y civiles siempre van juntos. No se pueden desvincular. No se pueden imponer el uno sin el otro. Tampoco hay una jerarquía: aquí las cuestiones climáticas urgentes y allí, por detrás, los derechos humanos y civiles. No están de un lado las difamaciones antiilustradas contra la razón y la racionalidad del movimiento climático y de otro las difamaciones del feminismo y la migración. La protección del medio ambiente siempre ha estado conectada y entrelazada con las cuestiones sociales, la protección del medio ambiente siempre ha formulado de manera implícita cuestiones de igualdad y libertad, la protección del medio ambiente no puede pensarse por separado, como si solo se tratara de recursos naturales, como si solo se tratara de reducción de emisiones, de preservar la biodiversidad. Las cuestiones del desplazamiento y de la migración están directamente relacionadas con el cambio climático. La guerra y el desplazamiento forzado no son los únicos impulsores de la migración, sino que también existe la migración climática.[27]

El conflicto que se ha adueñado del movimiento «Fridays for Future» desde la masacre de Hamás del 7 de octubre y la posterior escalada de violencia en Oriente Próximo muestra, en primer lugar, si se observa con atención, precisamente esto: que no se pueden desvincular por completo las cuestiones de derechos humanos y civiles del compromiso medioambiental. Sin embargo, las últimas semanas también revelan que las distintas partes que integran el movimiento deben preguntarse con autocrítica si su fundamento normativo es realmente universalista o solo humanista de modo selectivo. ¿De veras importan los derechos humanos y civiles o existen jerarquías encubiertas?

Esta disputa será un largo proceso que apenas comienza. Es casi seguro que una parte se debatirá primero internamente. Tal vez ello sirva para aclarar las cosas. Tal vez queden algunas incoherencias. También es verdad que estos conflictos existen actualmente en muchas otras instituciones internacionales. Todas ellas deben enfrentarse a estas preguntas. También es verdad que los encarnizados conflictos sobre cuestiones éticas, políticas y tácticas forman parte de la historia de casi todos los movimientos sociales. Otra de las desavenencias recurrentes es acerca de qué grado y forma de violencia (contra objetos o contra personas) legitiman o condenan. Eso no mejora las cosas. Pero valoro a quienes, desde los movimientos sociales, no excluyen estos conflictos, no los niegan, no se apartan, sino que se exponen a la crítica interna y externa y participan en el proceso discursivo y en la lucha por sus principios normativos.[28]

Para aquellos regímenes autoritarios cuyo principal interés es desestabilizar los principios democráticos y los derechos humanos, es motivo de alegría cualquier cosa que cause malestar, que divida al movimiento climático, y también todo lo que divide a las comunidades democráticas. Para los regímenes y movimientos autoritarios, cualquier cosa que socave los discursos ilustrados y racionales, cualquier cosa que debilite los principios de igualdad es absolutamente bienvenida. Se muestran igual de hostiles a los movimientos ecologistas y a los movimientos en favor de los derechos humanos y civiles. Buscan atacarlos al mismo tiempo, cubrirlos de resentimiento al mismo tiempo. Son regímenes en los que se asocian estructuras autoritarias y fósiles. Aparecen unidos, como gemelos, el desprecio por los derechos humanos y el desprecio por la ecología. Se ven amenazados por ambas cosas: la promesa de igualdad y libertad podría poner en peligro sus sociedades jerarquizadas y, por lo tanto, su propio estatus. Y la promesa de una transformación sostenible podría poner en peligro la fuente de su riqueza. Y tratan de sofocar ambas cosas. Por lo tanto, solo puede haber ambas cosas: la lucha por el medio ambiente y la lucha por los derechos humanos y civiles. Me gustaría que esto se entendiera mejor de forma recíproca. No podemos permitirnos el aislamiento.

Decir la verdad contra estos movimientos autoritarios y contrarios al activismo ecologista realmente supone ponerse en riesgo. Lo que se está desencadenando semana tras semana, la manera en que los activistas son criminalizados y demonizados, la manera en que se presentan como enemigos supuestamente peligrosos a todos los que se han dedicado a la protección medioambiental con su fuerza política, académica, periodística y performativa, todos los que no destruyen nada sino que quieren salvar algo, no es solo una controversia política, no es solo una crítica retóricamente aguda o una disputa, es una preparación irresponsable para la violencia.

No basta con mirar desde fuera y horrorizarse en mayor o menor medida. No puede ser que la brutal mafia mediática o no mediática persiga a personas concretas a las que se deja solas para que respondan o se defiendan por sí mismas. Lo que se les echa en cara a personas como Luisa Neubauer no es algo que deba imponerse a una sola persona. No es algo con lo que deba cargar una sola persona, sino que es necesaria una comunidad que se sienta responsable, que se sienta aludida cuando hay ataques contra individuos concretos, que se comprometa con algo que está más allá de ella misma, que renuncie en cierta medida a la intimidad, a la tranquilidad, para asumir una tarea que concierne a toda la humanidad. No debe convertirse en un hábito que quienes dicen la verdad atraigan por ello el odio y las fantasías de violencia. No se debe aceptar sin más lo que se acepta todo el tiempo, esto es, que las personas concretas estén a merced de una turba digital o de una escena político-populista.

No puede ser que la mayoría silenciosa actúe como si estos conflictos no fueran de su incumbencia, como si fueran «luchas culturales». ¿Qué tipo de término es este? Suena como si se tratara de banalidades, como el código de vestimenta en la ópera o las ventajas de una pluma estilográfica sobre un bolígrafo. Lo que estamos viviendo no son «luchas culturales». Se trata de conflictos económicos y políticos que se delimitan de un modo irritante y se dirigen a otras áreas temáticas, a otras víctimas, porque así se puede disfrazar lo que en realidad es controvertido y polémico. No puede ser que el lenguaje inclusivo o todos los demás temas de los que tanto se habla provoquen tal alboroto. Se actúa como si fuera inaceptable dirigirse a una persona como a ella le gustaría que se hiciera. Se actúa como si evitar ciertos términos sórdidos fuera una afrenta. Como si no hubiera convenciones tradicionales de convivencia según las cuales tales reglas son una forma obvia de respeto. Todas las cosas que ahora provocan una exaltada actitud defensiva habrían sido simples gestos de cortesía para mi abuela. No se le habría ocurrido ni en sueños rechazar la petición de evitar una palabra que se percibe como hiriente; a fin de cuentas, se trata de aprender algo.

A la inversa, para mí tampoco es la más existencial de todas las preguntas existenciales si cada persona, en cada situación, logra encontrar o no el tono o el término correcto, o la elección lingüística correcta. Eso sería lo deseable. Sería beneficioso. Pero también se puede practicar un poco de indulgencia frente a los errores o la inexperiencia. No puede tratarse de eso en serio y, de hecho, no se trata de eso. Estamos perdiendo todo el tiempo con estos debates destinados a distraer y agravar la situación. Un tiempo que no tenemos. Un tiempo que se nos escapa. Un tiempo en el que aún podemos contradecirnos lo suficiente y pelearnos, pero de una manera más ajustada.

Toda la gente que se atreve a luchar contra el cambio climático necesita una comunidad democrática que no permita que se la aísle y ataque. Para ello, no es relevante si compartes las ambiciones de los y las activistas o sus métodos. No tengo que estar de acuerdo con las convicciones políticas, religiosas o culturales de un grupo que defiende sus peticiones de forma no violenta para protegerlos de una hostilidad brutal. La narrativa del activismo contra el cambio climático como una supuesta máquina de represión dictatorial y totalitaria amenaza con radicalizarse cada vez más. En esta tergiversación deliberada, la oposición al ecologismo se posiciona como la última rebelión antes de la victoria del «ecofascismo». En tal rebelión, toda violencia y todo ataque a figuras o movimientos comprometidos con la lucha contra el cambio climático se transfiguran como una oposición supuestamente necesaria.

Sin embargo, existe un riesgo fundamental en la lógica del estado de emergencia. El peligro de esa línea de argumentación que se imagina en el estado de emergencia, que justifica el empleo de medios excepcionales, se aplica tanto a los que defienden el medio ambiente como a sus detractores. También por esta razón, la conexión entre los derechos humanos y civiles y la protección del medio ambiente es indisoluble, porque de esta manera se pueden limitar aquellas dinámicas de autoempoderamiento que también quieren sentirse autorizadas a la violencia contra las personas.

+ + +

«Para seguir viviendo, no debemos pensar en las cosas malas», dice Nastassja Martin en *Creer en las fieras*, y esto también se aplica a los conflictos y las dificultades en nuestras democracias.[29] Para seguir viviendo, no debemos pensar solo en las cosas malas. Tenemos que analizarlas, tenemos que identificar las estructuras y los dogmas. Pero también debemos pensar en lo que queremos salvar, en lo que queremos ser y en quiénes queremos ser de manera recíproca, unos con otros. Tenemos que pensar en aquello por lo que vale la pena seguir viviendo.

Tal vez este sea otro giro a la hora de decir la verdad: que también nos involucramos a nosotros mismos, que nos vinculamos a lo que es verdad, que también nos comprometemos a nosotros mismos como personas y nos exponemos a la verdad. Esto también significa que nos mostramos permeables a la verdad, que nos dejamos cambiar. Tal vez este sea uno de los efectos del desastre climático, que no solo es cruel, no solo es angustiante, sino también liberador. La crisis muestra lo que hacíamos mal en nuestras vidas hasta ahora, muestra qué prácticas y hábitos nos eran familiares como prácticas y hábitos, pero que en última instancia nos han explotado a nosotros mismos o nos han dañado.

Tal vez esta pausa que se nos pide también nos haga más conscientes de quiénes queremos ser, de cómo queremos vivir de verdad. Tal vez este decirnos la verdad a nosotros mismos también nos permita liberarnos de constreñimientos que ni siquiera habíamos reconocido como tales. En lugar de considerar que los cambios necesarios son algo horrible, con esta palabra abstracta de «transformación», lo necesario podría describirse más acertadamente como una emancipación. La crisis climática nos ayuda a salir de lo que nos angustia y oprime. Tal vez esto es lo que el movimiento contra el cambio climático debería formular de manera diferente: que se trata de un movimiento de liberación, de un cambio que nos acerca más a nosotros mismos. La narración sobre el desastre climático se nutre de las posibilidades que surgen de llevar una vida distinta. Una vida que puede y quiere volverse hacia el otro de otra manera, cuidándose de otra manera, solidarizándose de otra manera.[30]

+ + +

TRADUCIR

> *Nos mantenemos abrazados en la ventana,*
>   *nos ven desde la calle:*
> *tiempo es de que se sepa,*
> *tiempo es de que la piedra pueda florecer,*
> *de que en la inquietud palpite un corazón.*
> *Tiempo es de que sea tiempo.*
> *Es tiempo.* *

PAUL CELAN,
«Corona»

Cualquiera que trabaje con el medio ambiente, tanto en el ámbito científico como en el político, lleva consigo la inquietud; para tales personas el retraimiento, la paciencia o el tomar distancia son virtudes cuestionables de un tiempo pasado y desperdiciado.

Para quienes ven la crisis climática como una tarea existencial, para quienes dedican su pensamiento y escritura al medio ambiente, para quienes quieren contar lo que es verdad sobre la crisis, para investigadores, activistas y narradores, de este conocimiento surge una urgencia despiadada.

---

* Traducción extraída de José Ángel Valente, *Cuaderno de versiones*, Madrid, Círculo de Lectores, 2009. (*N. de la T.*).

Lo noto en mí misma: me doy cuenta de cómo de repente sopeso todo lo que hago, todo lo que escribo, si dedico esfuerzo suficiente a la protección del medio ambiente, más aún, si mi vida es una vida bien vivida frente a la escasez de tiempo. Si no sería necesario hacer más. Si todo lo demás no es superfluo, algo que nos distrae, deficiente.

La escasez de tiempo es despiadada porque nos exige una velocidad y una perseverancia inhumanas, y porque impone una lucha desesperada por el efecto político en los discursos y textos, en los proyectos de ley, en las campañas o intervenciones. Cuestionar hasta qué punto fueron comprensibles los propios análisis o iniciativas, si los propios argumentos fueron lo bastante convincentes para refutar las objeciones y los intereses escépticos o quizá tan solo perezosos, es una carga categóricamente diferente en estos tiempos porque las consecuencias del fracaso son dramáticas.

Sin embargo, esto no significa que de esta urgencia haya de seguirse una simplificación o un autoempoderamiento exagerados que eliminen todas las contradicciones, todas las ambivalencias, quizá incluso cualquier duda sobre las propias posiciones y las propias acciones. Existe la amenaza de un clima de miedo a perjudicar al propio grupo, a los propios aliados. O por puro temor a la acusación de deslealtad las intuiciones autocríticas se detienen demasiado rápido.

Este es siempre el final de cualquier movimiento progresista, emancipatorio o de cualquier pensamiento ilustrado: cuando el escepticismo o la autocrítica se interpretan como un obstáculo o como deslealtad. Si dentro de un movimiento o grupo ya no se habla y reflexiona abiertamente, si la actitud de la acción hace desvanecer todas las incertidumbres analíticas, si la presión de la acción reprime las objeciones críticas como indeseadas, entonces un movimiento social se deslegitimará a sí mismo.

No importa cuán brutales sean las objeciones externas, no importa cuán abrumadores puedan parecer los oponentes; ello no debe conducir a endurecerse o incluso a inmunizar ortodoxa o dogmáticamente las propias posiciones frente a las críticas o las dudas. Todavía hace falta vacilar una y otra vez. Estamos perdidos si dejamos de mostrarnos inermes como intelectuales, como narradores, como comprometidos políticamente en público. Siempre se necesita una forma de permeabilidad que nos mantenga abiertos a argumentos externos, que nos haga tomarnos en serio y reflexionar sobre otros puntos de vista, otras perspectivas, otras experiencias.

Jonathan Franzen, en un ensayo para la revista estadounidense *New Yorker* acerca de la cuestión de cómo podría funcionar la narración sobre la naturaleza, es decir, cómo podría fascinar, invitar, atraer, convencer a los lectores que aún no están convencidos de que son amantes de la naturaleza, escribe:

> La narrativa de la naturaleza, en su forma más efectiva, sitúa a una persona (normalmente el autor, que escribe en primera persona) en alguna relación irresuelta con el mundo natural, provee al personaje de preguntas sin respuesta o una meta no alcanzada, y entonces utiliza emociones universales –esperanza, ira, anhelo, frustración, vergüenza, decepción– para implicar al lector en la historia.[31]

Algunas de estas reflexiones son obvias y no resultan sorprendentes: la narración en primera persona, el género subjetivo que permite una accesibilidad diferente. Esto es (desafortunadamente) poco usual o imposible en las publicaciones científicas. Algo así se logra a lo sumo en conferencias menos formales y en aquellos textos que no aparecen en un contexto académico con estrictas regulaciones metodológicas y narrativas. Se puede tratar de ensayos que combinan experiencias subjetivas con análisis teóricos, como el destacado texto de Nastassja Martin *Creer en las fieras* o el influyente ensayo de Edward Abbey *El solitario del desierto*.[32] Abbey justamente desarrolla también propuestas y demandas concretas sobre cómo proteger los parques naturales del turismo masivo y destructivo.[33]

Lo que llama la atención del pasaje de Franzen es que son preguntas «sin respuesta», relaciones «no resueltas» y objetivos «no alcanzados» lo que atrae a los lectores al texto, los hacen implicarse y empatizar. Si esto es cierto, entonces la tarea de cartografiar en el contexto de la crisis climática todavía necesita un resto de apertura, algo que invite a pensar.

Si se quiere atraer e implicar al mayor número posible de personas, si se quiere que la protección del medio ambiente se asuma como una tarea común, que realmente se asuma como algo propio, debe formularse a modo de pregunta aún sin resolver, de mapa con zonas aún por descubrir.

¿Por qué?

El discurso que se presenta como algo sabido, las visiones que se presentan acabadas, se afirman como cuestiones cerradas. Se comportan como si ya no necesitaran a nadie. Como si los demás solo necesitaran el conocimiento o la orientación correcta, como si ya no hubiera nada en proceso. Algo así no invita a nadie. A nadie le sobreviene el deseo de participar porque probablemente ya no hace falta nada sorprendente.

Quien quiera contar lo que es verdad, lo que podría ser verdad y posible, quien quiera cartografiar una utopía mediante la narración, debe permanecer permeable en estos relatos. Se necesitan hilos sueltos que cuelguen, que se puedan retomar y volver a tejer. Se necesitan narrativas que también describan como incierto lo que es incierto, que no simplifiquen todo lo que es ambivalente, lo que es contradictorio. Lo inacabado puede ser exactamente lo que te hace querer pensar, preguntar, implicarte. Lo inacabado contiene una invitación. Tal vez como una partida de ajedrez ya iniciada en la que cae la propia mirada, donde las piezas forman una constelación abierta en el tablero y nadie puede evitar pensar en las próximas jugadas. Los dedos se mueven para continuar el juego, tal vez solo con un único movimiento.

Y también se necesita una sensibilidad especial para el vocabulario, para los términos y las imágenes que pueden irradiar a otros contextos, a otros mundos. Esto ha sido quizá lo más deficiente en los últimos meses en quienes están comprometidos con la ecología en el terreno político: que no se ha logrado traducir lo que se necesita, lo que debe cambiar, no solo en las medidas técnicas, sino también en posibilidades sociales y culturales. Su atención se ha concentrado tanto en la operatividad que se han perdido de vista los motivos por los que todas estas medidas valen la pena, los beneficios individuales y comunes que también se pueden lograr con ellas.

Si el ecologismo se vuelve incomprensible, si se convierte en un mero cúmulo de pequeños trámites burocráticos ininteligibles, si ya no hay razones para querer sumarse, para querer participar, porque no hay imaginación para esos espacios del mapa que están más allá de nosotros, entonces todo se descompone en exigencias y cargas.

Por lo tanto, dependerá de si nosotros, que creemos en argumentos, en pruebas, en una realidad compartida al fin y al cabo, también podemos traducir nuestras convicciones, si las trasladamos a los diferentes contextos y espacios sociales, culturales, religiosos; dependerá de si estamos dispuestos y somos capaces de traducir escalas y gráficos en imágenes y narraciones, si traducimos las experiencias en normas, y viceversa: dependerá de si revisamos y ampliamos nuestro vocabulario para que involucre a otras personas de manera más respetuosa.

«La traducción es la transferencia de un idioma a otro a través de una continuidad de transformaciones», escribe Walter Benjamin en «Sobre el lenguaje en general y sobre el lenguaje de los humanos»; y prosigue: «La traducción entraña una continuidad transformativa y no la comparación de igualdades abstractas o ámbitos de semejanza».[34]

Este es el momento de la narradora. Esta es la tarea que se me plantea como filósofa y escritora que no solo quiere entender, reconstruir y documentar lo que es verdad, lo que ha sucedido, no solo explicarlo y analizarlo, sino narrarlo explícitamente. La narración sobre la crisis climática tendrá que identificarse con tal continuo de transformaciones.

La narración es un género especial que puede contar de manera diferente una historia, una experiencia, una utopía, una tarea, con una atención diferente, una cercanía diferente, una empatía diferente. Narrar algo es, por su forma, distinto de exigir algo; narrar algo es distinto de reclamar algo, narrar algo es más frágil que anunciar algo.

Narrar lo que es verdad sobre la crisis climática, narrar lo que será verdad, no puede describir el desastre en su totalidad. La narración se diversificará en momentos individuales, en diferentes temas o puntos de vista. Es una narración que también puede y debe tomar decisiones estéticas. Habrá que elegir un fragmento, un foco, habrá que buscar figuras y sus perspectivas, hará falta una forma y un lenguaje que transmitan lo que es verdad. Lo que queda son los límites de la realidad: describir solo lo que es real y no inventar nada. Pero por esa razón hay, pese a todo, criterios literarios con los que se estructura y procesa el material de la realidad.[35] Lo «fáctico» de la narración no puede ni debe ser un rechazo de las exigencias estéticas, con qué lenguaje, con qué ritmo, con qué estructura polifónica hay que afrontar los acontecimientos y su significado para las personas.

«Todo depende –escribe Georges Didi-Huberman en *Essayer voir* [«Intentar ver»]– de cómo cada uno, apoyándose en fragmentos, organiza, analiza y reconstruye el tiempo de la historia».[36]

Tal vez se narre un solo día, con todas sus horas y sus minutos, en un espectro de múltiples perspectivas de personas que recuerdan ese día; puede ser una visión única que se describe al detalle con toda su fuerza emocional, de manera que se puede ver con gran nitidez y claridad; puede ser el fondo sobre el que se desarrolla todo lo demás, puede ser el *basso continuo* que subyace a todo; puede construirse con fragmentos, solo pedazos de un relato, algo que está desmembrado, deshilachado, fragmentado y que reproduce de esta forma la realidad de un terremoto.

Y también aquí, como ocurre con la narración de experiencias violentas, habrá que pensar una y otra vez en tomar diferentes direcciones. También aquí las personas y los paisajes no solo se describen como los que tenemos enfrente, no solo en su presente devastado y desesperado, sino que también se muestra qué o quiénes eran antes de que la catástrofe se abalanzara sobre ellos.

Un ejemplo literario sobresaliente de cómo puede lograrse esto es la novela *Rombo*, de Esther Kinsky, en la que varias personas cuentan cómo su vida y su hogar fueron sacudidos por un fuerte terremoto. La forma en que lo hace no solo es tremendamente artística, sino también una lección de humanidad. Esto se debe al tiempo que se observa: no solo la cesura en sí, sino sobre todo lo anterior. Lo que hacían las personas, a qué se dedicaban, en qué se ocupaban cuando el terremoto las sorprendió, dónde se encontraban cuando escucharon el rugido que anunciaba la catástrofe. Si habían ido a buscar madera porque al día siguiente la madre quería ahumar el queso, si estaban en el campo y se oía el canto del gavilán, si cuidaban a su hermano que no tenía trabajo; se hacen visibles los individuos, las personas concretas en sus contextos de vida particulares, en su tejido de referencia de los asuntos humanos (como lo llamó Hannah Arendt). No solo se ponen a disposición literaria, no solo reciben una función narrativa. No solo representan algo, no son solo portadores de un mensaje, de una información, nunca son únicamente fuentes que deberían ayudar a reconstruir el terrible terremoto. Más bien son las personas que se caracterizan por cualidades especiales, que hablan de prácticas y hábitos que fueron significativos en otro mundo (anterior), son esos detalles que van más allá de la muerte y la destrucción los que remiten a lo que se salva.

Del mismo modo, sus voces y descripciones transmiten el después. La narración no termina en la desolación, sino que siguen las observa-

128

ciones y los encuentros en los trabajos de limpieza: cómo llegan los trabajadores de Yugoslavia para ayudar a retirar los escombros y arrojarlos al río o a los barrancos. Así las personas no permanecen paralizadas en un estado de impotencia. No solo aparecen como incapaces de actuar, no solo están a merced de la catástrofe, sino que la historia continúa. Y a través de todo el texto se extiende la pregunta sobre las condiciones de posibilidad de la narración,[37] lo que se puede recordar, cómo se puede comunicar esta experiencia, a quién le sucede qué en y a través de la narración. El personaje de Toni dice en *Rombo*: «Cuando cuento un recuerdo, se convierte en algo completamente diferente. Algo que ya no me pertenece. Tal vez porque me doy cuenta de que la persona que me escucha nunca ve lo mismo que yo. Eso me molesta. Aunque es normal».[38]

A menudo son precisamente los formatos de ficción aquellos en los que mostrar con especial precisión cómo podría funcionar la narración frente a la catástrofe. No todo es transferible a la narración no ficticia. Existen límites. Sin embargo, los textos literarios o las películas también dan pistas sobre cómo la violencia y la crisis climática pueden asimilarse y transformarse narrativamente para que sean comprensibles en su profundidad existencial. Así, mi pensamiento ensayístico y mi reflexión sobre la narración de lo que es verdad están marcados por los grandes estudios o narraciones históricas o filosóficas, como las de Tzvetan Todorov, por ensayos subjetivos que saben combinar análisis y opinión, como los de Daniel Mendelsohn, o por textos que funcionan como ejercicios de pensamiento, como mediaciones, por ejemplo, los de Jean Améry o Ingeborg Bachmann, por supuesto. Pero para mí, sin duda, son los textos literarios, las novelas, los poemas y las narraciones cinematográficas aquellos de los que más he aprendido y los que me han marcado.[39]

Me explico. Con esto no quiero decir que lo único que importe sea narrarlo. Tendremos que explotar todos los géneros, tendremos que sonar secos y analíticos o irónicos y desesperados, o apasionados e iracundos en diferentes roles y funciones. Lo mejor sería ir alternando. Tendremos que mandar nuestras palabras a través de una continuidad de transformaciones para que incluyan también a quienes de otro modo se excluiría, para que lleguen también a quienes tal vez den a esas mismas palabras otros significados, para quienes ciertos conceptos están cargados de experiencias históricas, conceptos que evocan el recuerdo de la opresión o de la explotación, de la esclavitud y de la violencia. Tendremos que traducir entre culturas, es decir, entre experiencias y miedos. Tendremos que utilizar todas las herramientas para ello si queremos conseguirlo, todas las formas estéticas, artísticas, de la misma manera que tendremos que apelar a las más diversas prácticas religiosas o de la cultura popular. Ya no podremos confiar en medios o emisores conocidos. El conocimiento solo se transmitirá si se transforma y traduce a otros idiomas, prácticas, medios de comunicación.

Esto solo saldrá bien si se cuestionan las propias acciones políticas, activistas y periodísticas. No solo preguntando si lo que se dice es cierto, sino también si es comprensible, si es atractivo, si es lo suficientemente inclusivo, si puede llegar a diferentes contextos y en diferentes idiomas, si realmente piensa hacia adelante, si cartografía el «todavía no», si piensa en posibilidades, no en imposibilidades, y muestra nuevos caminos.

«Debido a que cada persona es un *initium*, un comienzo y un recién llegado al mundo por haber nacido, las personas son capaces de tomar la iniciativa, convertirse en principiantes y poner en movimiento algo nuevo», escribe Hannah Arendt en *La condición humana*.[40] Se necesita una narración que abra algo que no se deje aplastar y paralizar por sus propios fracasos, sus propias debilidades, sino que busque lo que también es verdad en el momento del desaliento.

Me pidieron que reflexionara en estas conferencias sobre qué es narrar la realidad, qué distingue esta labor y por qué es necesaria.

Pues bien, se necesita una narración que se dedique a lo que es (normativamente) verdad, lo que debería ser, incluso si se niega. Se necesita una narración que exponga las exclusiones y los desprecios, que se oponga al menosprecio del ser humano y a la violencia. Se necesita una narración que, a pesar de todo, haga frente a lo que se calla, a lo que se niega, a lo que se desfigura y se deforma. Es necesaria una narración que señale hacia adelante lo que podría ser, cómo queremos y podemos vivir, es necesaria una narración que sea verdadera y utópica a partes iguales, que rechace el apocalipsis y la violencia, y que justifique con la escritura lo que quiere producir: humanidad.

Muchas gracias.

«Justificar lo que la narración fáctica puede y debe hacer»

Conversación de Carolin Emcke con Christian Klein

¿Cómo describiría lo que se propuso hacer para participar en las conferencias de Wuppertal sobre narración fáctica?

Ante todo, me gustaría decir que pasé parte de mi infancia aquí en Wuppertal. Lo primero que me propuse fue ir a mi antigua escuela primaria. Sobre las conferencias, me hizo mucha ilusión que me invitaran porque las consideré una oportunidad para reflexionar sobre la propia escritura. La escritura que se basa en la realidad está sujeta a ciertas limitaciones. Es una narración de acontecimientos y experiencias de los que se puede decir: esto es verdad, esto ha sucedido, hay pruebas fehacientes de ello. En ese sentido, aquí en Wuppertal, en estas dos conferencias, trato de reflexionar sobre lo que realmente significa ir en busca de lo que es verdad. ¿Qué cuestiones epistémicas y éticas surgen de esta aspiración? ¿Qué obligación tengo con respecto a aquellos sobre los que hablo? ¿Qué significa escribir no solo sobre lo que es, sino también sobre lo que fue o será?

Usted ha descrito las conferencias sobre narración fáctica como un gran desafío. ¿Qué quiso decir con eso?

Bueno, es una tarea difícil. [*Risas*]. Tal vez ustedes, como entidad que invita, subestimaron lo que eso implica si se toma en serio. En las conferencias no solo quería contar un acontecimiento, no quería limitarme a ilustrar lo que significa la narración fáctica. También quería desglosar y reflexionar sobre las condiciones de la narración. En estas charlas emprendo una búsqueda de las condiciones previas, los criterios, los límites de la comprensión y la narración. Y al hacerlo trato de pensar en la tensión entre lo que es verdad, lo que debería ser verdad y lo que podría ser verdad. En las conferencias reflexiono sobre la verdad y la utopía porque creo que estos dos términos son los que necesitamos en nuestro presente. En las crisis del presente, en las que existen fuerzas autoritarias que se oponen a la democracia, no podemos prescindir del concepto de verdad. La democracia no puede prescindir de la aspiración a la verdad. Los últimos años nos lo han demostrado con una esfera pública fragmentada en la que la desinformación y las mentiras, el odio y el resentimiento prosperan sin filtros. Y tampoco frente al desastre climático podemos prescindir del concepto de verdad. Si renunciamos a defender las diferencias entre «justificado» e «injustificado», estamos perdidos. También debemos operar en el campo climático con razones, con argumentos, con pruebas contra las narrativas de la conspiración y la desinformación. Pero tampoco podemos prescindir del concepto de utopía. Aquí es asimismo necesario un pensamiento del «todavía no», es necesario decir lo que será verdad o lo que podría ser verdad. Sin una narración de lo que podemos esperar, no podremos transmitir de manera convincente los cambios indispensables para lograrlo.

Para los estudiosos de la narrativa, resulta muy interesante que sus conferencias también se centren en la fase de trabajo que precede a la producción real del texto y analicen los procesos previos de manera igualmente sistemática e ilustrativa.

De hecho, eso es lo que más me interesa. En la primera conferencia intento al comienzo que la gente entienda qué tiene de especial escribir sobre la guerra y la violencia. Lo que te conmociona y perturba en estas zonas de muerte y destrucción, y la pregunta de cómo contarlo. Lo que significa enfrentarse a paisajes que ya no se parecen en nada a lo que describiríamos como un paisaje, enfrentarse a la imagen de cuerpos, enfrentarse a la imagen de personas que están desfiguradas, lo que significa hacer frente a experiencias que contradicen todo lo que queremos creer que las personas son capaces de hacerse unas a otras. De esto me interesan las cuestiones epistemológicas y éticas. ¿Cómo trato a las víctimas de la más brutal privación de derechos y violencia? ¿Cómo hablo de ellas sin que aparezcan solo como «víctimas», como «damnificados»?

Dejando a un lado los trabajos por encargo, ¿qué tiene que aportar un tema para despertar su interés, para que considere la posibilidad de escribir un texto al respecto?

Es una buena pregunta porque no puedo contestarla. Sé por mi editor, Peter Sillem, que cada vez que empiezo un libro le digo: «Estoy escribiendo algo, pero seguro que no se convertirá en libro». Esto demuestra que al principio tengo que omitir a toda costa la posibilidad de que algo se convierta en un libro o en una publicación. También escribo para poner algo en claro, para entender algo, para exponerme a las preguntas que me asedian. Se podría decir –yo también lo he descrito así en alguna parte– que es una forma de «murmullo» con el que se intenta escribir o narrar algo que aún no está dirigido a ningún destinatario. ¿Para que un tema despierte mi interés? Seguramente hay un tema que está presente en todos mis ensayos y libros: lo inefable. Para ser más exactos, me preocupa la relación entre la violencia, el trauma y lo inefable, o también la relación entre el tabú, la vergüenza y lo inefable. Desde hace algunos años me preocupa además la crisis climática. En los últimos años he estado viajando y leyendo intensamente análisis y teorías filosóficas, literarias y científicas, tratando de adquirir tanto conocimiento como sea posible y también formarme una opinión, como alguien que sin duda se ha dedicado demasiado tarde a esta crisis. Hace unos años viajé a Ny-Ålesund, la estación de investigación del Ártico, y eso me cambió la vida. Y por eso ha sido decisivo para mí en estas conferencias reflexionar a fondo sobre las cuestiones de la verdad y la utopía, las condiciones de la narración, incluso en relación con la crisis climática.

¿Los debates sobre las noticias falsas y los «hechos alternativos» han cambiado su forma de trabajar o su visión de lo que llamamos narración fáctica? ¿Tal vez en el hecho de que hay que cerciorarse aún más?

En esencia, nada ha cambiado. Todavía está la pretensión de buscar lo que es verdad, todavía está la pretensión de preguntar con autocrítica por qué una cosa me parece creíble y otra menos creíble, todavía está el escepticismo hacia mí misma, el preguntarme qué sesgos, qué prejuicios, qué experiencias me influyen. Nada ha cambiado en los estándares críticos. Pero hay una mayor desconfianza. También hay entidades que deliberadamente fomentan la desconfianza. Hay entidades que no solo difunden desinformación y mentiras, sino que quieren socavar la posibilidad del conocimiento en sí mismo. Se ha afirmado durante tanto tiempo que siempre hay diferentes puntos de vista de igual valor, se ha sugerido durante tanto tiempo que hay opiniones de igual valor, que al final se disuelve cualquier aspiración a la verdad. Es como si todo fuese relativo, como si nada fuese seguro. Es un relativismo epistémico que me atemoriza. Estamos perdidos si dejamos de creer que hay buenas razones para convencernos, si dejamos de creer que los acontecimientos también pueden verificarse o refutarse. Estamos viendo todo un espectro de movimientos y regímenes de extrema derecha, autoritarios y fascistas, que tienen interés en que se difumine la diferencia entre «correcto» e «incorrecto».

La realidad es el punto de referencia que todos tenemos en común, es lo que nos une a pesar de todas las demás diferencias. Y en la medida en que esta realidad se pone en duda, se pierde todo aquello que nos une. Esto lo experimentamos desde hace un tiempo de forma muy sistemática. Incluso frente al desastre climático, diferentes grupos interesados están tratando de desestabilizar los fundamentos de lo que consideramos verdades, de lo que se puede considerar conocimiento, hechos comprobados. También entiendo las conferencias en este contexto: debemos dar argumentos contra tales impugnaciones justificando lo que la narración fáctica puede y debe hacer.

¿Cómo es, en su opinión, lo que la narración fáctica puede y debe hacer?

Bien, en primer lugar, tiene que ser verdad. Tiene que referirse a algo en el mundo, a algo real, verdadero. Por muy complicado que sea desde el punto de vista filosófico determinar qué significa eso exactamente. Pero como narración también requiere una fuerza poética. Por supuesto, también puede transformar el material que llamamos realidad. No en algo inventado. Pero también se necesitan decisiones estéticas, literarias y musicales para que lo que se cuenta sea comprensible, accesible y perceptible.

En efecto, la idea detrás del ciclo de conferencias es perfilar la tensión entre la referencialidad y el carácter construido en la que se encuentra la narración fáctica, con el fin de reflexionar sobre las peculiaridades, pero también sobre los problemas de la narración fáctica y tomar conciencia del marco discursivo en el que nos encontramos.

No obstante, también veo el peligro de caer en el extremo opuesto. Bajo la presión de la posverdad, tampoco tendría sentido oponer de repente nociones ingenuas de verdad o nociones ingenuas de ciencia, algo así ahora tampoco tendría sentido. Lo que se considera «verdadero», lo que se considera «real», lo que se considera «objetivo» es una discusión muy ambiciosa desde el punto de vista filosófico. Por miedo a que se nos reste credibilidad, podríamos empezar a considerar que nuestra propia aspiración a la verdad, nuestras propias observaciones son menos frágiles de lo que son. Debemos tener cuidado con eso. Espero y creo que todos los que puedan completar este ciclo de conferencias pongan de manifiesto estas ambivalencias, estas inseguridades, este escepticismo que se desprenden de la narración fáctica. Al menos yo no puedo imaginarlo de otra manera.

Ya que acaba de hablar de pasada de lo que le gustaría que consiguieran los ciclos de conferencias, ¿tiene alguna idea de lo que le gustaría que sus textos provocasen en los lectores y las lectoras?

Supongo que mis textos, como son tan diferentes, llegan a espacios de resonancia muy diferentes y sin duda también tienen efectos muy diferentes. He escrito reportajes largos. También ensayos. Las columnas son en su mayoría ensayos, al menos eso espero. Y luego están los libros. Sobre la violencia, sobre el testimonio, sobre el deseo y sobre la música. Hay un diario de la pandemia, que es algo completamente diferente en cuanto al género. Si tuviera que decir qué está presente en toda mi escritura sería, con suerte, que se pueda reconocer a una autora que permanece susceptible. Que también se cuestiona a sí misma y se pone en tela de juicio. Y seguramente todos los textos contienen una anticipación utópica, una esperanza de un mundo más inclusivo, justo y sostenible.

Dada la urgencia de las crisis actuales, ¿dónde trazaría la línea entre el periodismo y el activismo?

A estas alturas, considero que «activismo» es un concepto de lucha en un entorno que intenta tergiversar deliberadamente ciertas instituciones periodísticas como tales, en particular la radiodifusión pública, o ciertos discursos con el fin de desacreditar a todos los que abogan por un análisis y una ilustración estrictos. El periodismo significa, en primer lugar, sentirse comprometido con la investigación, la crítica, el testimonio, es buscar pruebas, fuentes, motivos. Y no dejarse intimidar o corromper. Pero también en el periodismo hay principios normativos en los que se basa su propio trabajo: la Constitución, los derechos humanos y civiles, las convenciones internacionales y, por cierto, también el Código Penal. No soy neutral frente a los derechos humanos, no soy neutral frente a las Convenciones de Ginebra. Y esto sirve de orientación en zonas de conflicto para poder criticar tanto a una como a la otra parte si incumplen estas normas. Y también sirve para basarse en el conocimiento científico en el contexto de la crisis climática. Si a esto lo llaman «activismo» desde fuera, entonces se trata de pura campaña. Si se considera «activista» el mero hecho de atenerse al conocimiento y la información o a los derechos humanos y las Convenciones de Ginebra, y también aferrarse a ellos cuando los velos de la desinformación o la propaganda intentan adormecerlo todo, es un desastre. Me considero una escritora, una ensayista, una periodista con formación filosófica. Y con mis libros y textos pretendo inscribirme en la tradición de los pensadores y las pensadoras que se han calificado de «comprometidos». Si esto se ha convertido en un insulto, lo asumo con mucho gusto.

¿Qué libro recomendaría a alguien que tenga un especial interés en las posibilidades y dificultades de la narración fáctica?

El libro que me gustaría recomendar, porque me ha acompañado durante mucho tiempo y también me ha impresionado mucho, es *The Elusive Embrace: Desire and the Riddle of Identity* [«El abrazo huidizo. El deseo y la búsqueda de identidad»], de Daniel Mendelsohn. Es uno de los narradores más elegantes que conozco. Podría recomendar cualquiera de sus libros, *Los hundidos*, *Una Odisea*, pero *The Elusive Embrace* lo leí muy pronto. Y fue realmente una sacudida, una felicidad profunda y también una inspiración. Porque pensé: «Ah, es así como se puede escribir sobre la homosexualidad». Con esa prudencia, esa educación, esa delicadeza y, no menos importante, con esa desvergüenza tan segura de sí misma. Genial. Yo también quería eso. Se lo recomiendo a todo el mundo.

Wuppertal, julio de 2023

Notas

1. Violencia

1. Toni Morrison, *God help the Child*, Londres, 2015, p. 112. [Hay trad. cast.: *La noche de los niños*, trad. de Carlos Mayor, Barcelona, Penguin Random House, 2016].

2. Actualmente hay un gran debate público sobre si debemos abordar las diferentes identidades de género desde el punto de vista lingüístico y cómo hacerlo. Mi objetivo es visibilizar a todas las personas por igual. Para mí es una forma natural de cortesía dirigirse a cada persona tal como esta quiere que se dirijan a ella. Esto a veces significa desviarse de las formas habituales de hablar o escribir. No siempre es fácil. No todo el mundo está de acuerdo sobre qué forma es realmente inclusiva y gramaticalmente coherente. Todos estamos inmersos en los hábitos lingüísticos. Desacostumbrarme a una palabra con la que he estado familiarizada durante mucho tiempo no siempre me resulta fácil. Pero lo intento. Quiero incluir lingüísticamente a las personas que no se entienden a sí mismas como «masculinas» o «femeninas», sino como no binarias. No puedo

decir cuál sería la mejor solución para ello. Supongo que probaremos diferentes formas escritas y orales, algunas se terminarán descartando por ser poco respetuosas y otras por ser poco prácticas. Y tal vez, poco a poco, nos pondremos de acuerdo en algo que supere la prueba del día a día. Hasta entonces tartamudearemos o nos trabaremos, pero eso lo hago de todas formas en la vida. En este libro, lo he intentado con dos puntos, que [en alemán, por ejemplo, *Leser:innen*] unen la forma masculina y la femenina y que también tiene en cuenta a las personas no binarias. Otros lo intentan con el legendario asterisco (*) o con un guion bajo (_). Y hay quienes lo intentan con una forma genérica que sea neutra en cuanto al género. Para mí, estas adaptaciones lingüísticas no son motivo para la ortodoxia. No creo que pueda ser algo decisivo en última instancia para cada contexto, para cada persona, que se le atribuya un género lingüístico. Creo que ayudaría un poco más de serenidad, un poco más de indulgencia y también un poco más de empatía con diferentes experiencias o necesidades.

3. Lo que significa este «corresponder» es, a su vez, objeto de debates epistemológicos que aquí no puedo describir con suficiente profundidad.

4. Chase Wrenn, *Truth*, Cambridge, 2014, p. 3.

5. He escrito extensamente sobre la cuestión del testimonio en: Carolin Emcke, *Weil es sagbar ist. Über Zeugenschaft und Gerechtigkeit*, Frankfurt, 2013. Pero también me gustaría mencionar aquí al menos algunos de los títulos que han influenciado

mi pensamiento sobre el testimonio: Geoffrey Hartman, «Die Wunde lesen. Holocaust, Zeugenschaft, Kunst und Trauma», en Gary Smith y Rüdiger Zill (eds.), *Zeugnis und Zeugenschaft*, Postdam, 2000, pp. 83-110; Dominique LaCapra, *Writing History, Writing Trauma*, Baltimore, 2001; Georges Didi-Huberman, *Bilder trotz allem*, Múnich, 2007 [hay trad. cast.: *Imágenes pese a todo: memoria visual del Holocausto*, Barcelona, Paidós, 2004]; Elaine Scarry, *The Body in Pain. The Making and Unmaking of the World*, Oxford, 1985; Tzvetan Todorov, *Facing the Extreme. Moral Life in the Concentration Camps*, Nueva York, 1996; C. A. J. Coady, *Testimony. A Philosophical Study*, Oxford/Nueva York, 2002; Sibylle Schmidt, Sybille Krämer y Ramon Voges (eds.), *Politik der Zeugenschaft. Zur Kritik einer Wissenspraxis*, Bielefeld, 2011.

6. Otro caso son todos aquellos textos o vídeos propagandísticos que los grupos terroristas utilizan como instrumentos de terrorismo. Formalmente, algunos de los vídeos de ejecuciones también tienen estructuras narrativas, están construidos y escenificados de forma dramatúrgica, están provistos de códigos y signos de la cultura popular que necesitarían su propio análisis. Véase sobre esto: Carolin Emcke, «Discurso de agradecimiento por la concesión del Premio Johann-Heinrich-Merck 2014», Gotinga, 2014, pp. 53-62.

7. Miranda Fricker, *Epistemische Ungerechtigkeit. Macht und die Ethik des Wissens*, Múnich, 2023. [Hay trad. cast.: *Injusticia epistémica: el po-*

der y la ética del conocimiento, Barcelona, Herder, 2017].

8. Mirjam Zadoff, *Gewalt und Gedächtnis. Globale Erinnerung im 21. Jahrhundert*, Múnich, 2023, p. 23.

9. Esto se analiza con más detalle en Carolin Emcke, *Wie wir begehren*, Frankfurt, 2012. [Hay trad. cast.: *Modos del deseo*, Madrid, Tres Puntos, 2018].

10. <https://forensic-architecture.org/investigation/the-murder-of halit-yozgat>.

11. Emmanuel Levinas, *Das sinnlose Leiden*, en Lévinas, *Zwischen uns. Versuche über das Denken an den Anderen*, Múnich/Viena, 1995, p. 117 y ss. [Hay trad. cast.: Levinas, *Entre nosotros. Ensayos para pensar en otro*, Valencia, Pre-Textos, 2000].

12. Primo Levi, *Ist das ein Mensch*, Múnich/Viena, 1991, p. 27. [Hay trad. cast.: *Si esto es un hombre*, Barcelona, Península, 2014].

13. Varlam Shalámov, que ha escrito sobre la experiencia del gulag en sus *Relatos de Kolymá*, tiene un largo pasaje en el que reflexiona sobre las condiciones de la comprensión de esta violencia que todo lo corrompe. «Ni una sola vez me dejé llevar por un pensamiento largo. Intentarlo me causaba dolor físico. Ni una sola vez en estos años me he dejado embaucar por el paisaje; si algo se me ha quedado grabado, se ha grabado más tarde. Ni una sola vez encontré en mí la fuerza para una indignación enérgica. Todos mis pensamientos eran humildes y sordos… ¿Cómo volver a este estado y en qué

idioma contarlo?», Varlam Shalámov, *Über die Kolyma. Erinnerungen*, Berlín, 2018, p. 12 y s. [Hay trad. cast.: *Relatos de Kolymá*, Barcelona, Random House, 1998].

14. Véase también: Carolin Emcke, *Gegen den Hass*, Frankfurt, 2016. [Hay trad. cast.: *Contra el odio*, Madrid, Taurus, 2017].

15. Jean Améry, *Jenseits von Schuld und Sühne*, en *Gesammelte Werke*, vol. 2, Stuttgart, 2002, p. 43.

16. Esto se analiza con más detalle en Carolin Emcke, *Weil es sagbar ist,* Frankfurt, 2013.

17. Ruth Klüger, *weiter leben*, Göttingen, 1992, p. 26 y s. [Hay trad. cast.: *Seguir viviendo*, Zaragoza, Contraseña, 2020]. [Traducción propia].

18. Jorge Semprún, *Screiben oder Leben*, Frankfurt, 1995, p. 23. [Hay trad. cast.: *La escritura o la vida*, trad. de Thomas Kauf, Barcelona, Tusquets, 1995]. He escrito más sobre lo que se puede decir en Emcke, *Weil es sagbar ist*, Frankfurt, 2013.

2. Clima

19. <https://www.newyorker.com/magazine/2017/11/06/is-bigfootlikelier-than-the-loch-ness-monster>.

20. Ottmar Edenhofer, «Die nächste Generation zahlt den Preis», en *FAZ*, 1 de agosto de 2022, p. 9.

21. Jerry Brotton, *Die Geschichte der Welt in zwölf Karten*, Múnich, 2014, pp. 9 y ss. [Hay trad.

cast: *Historia del mundo en 12 mapas*, Barcelona, Debate, 2014].

22. Lev Tolstói, *Der Tod des Iwan Iljitsch*, Stuttgart, 1965/1992, p. 83. [Hay trad. cast.: *La muerte de Iván Ilich*, Madrid, Nórdica, 2019].

23. Bruno Latour y Nicolaj Schultz, *Zur Entstehung der ökologischen Klasse. Ein Memorandum*, Berlín, 2022, p. 37.

24. Jan Philipp Reemtsma, *Vertrauen und Gewalt, Versuch über eine besondere Konstellation der Moderne*, Hamburgo, 2008, p. 22.

25. Michel Foucault, «Vorlesung 2» (sesión del 12 de enero de 1983), en Foucault, *Die Regierung des Selbst und der anderen*, Frankfurt, 2009, pp. 63-104. [Hay trad. cast.: *El gobierno del sí y de los otros*, Madrid, Akal, 2011].

26. Sobre el papel del Heartland Institut, véase sobre todo: Naomi Klein, *Warum nur ein Green New Deal unseren Planeten retten kann*, Hamburgo, 2019, pp. 85-96. [Hay trad. cast.: *En llamas. Un (enardecido) argumento a favor del Green New Deal*, Barcelona, Paidós, 2021].

27. Véase sobre esto Kira Vinke, *Sturmnomaden. Wie der Klimawandel uns Menschen die Heimat raubt*, Múnich, 2022.

28. Hay figuras históricas que han demostrado que esto es posible y de qué modo se logra. El activista estadounidense por los derechos civiles Bayard Rustin es y seguirá siendo de por vida mi modelo en esta lucha.

29. Nastassja Martin, *An das Wilde glauben*,

Berlín, 2021, p. 42. [Hay trad. cast.: *Creer en las fieras*, Madrid, Errata Naturae, 2021].

30. Basándose en esta esperanza, la filósofa Eva von Redecker formula una «Revolución por la vida» en *Revolution für das Leben. Philosophie der neuen Protestformen*, Frankfurt, 2020.

31. <https://www.newyorker.com/culture/the-weekend-essay/theproblem-of-nature-writing>.

32. *Creer en las fieras* es realmente una de las cosas más impresionantes que he leído en los últimos años; Edward Abbey, *El solitario del desierto*, Berlín, 2016. Por cierto, ambos han aparecido en Matthes & Seitz. La serie «Naturkunden», editada por Judith Schalansky, merece aquí una mención especial y mi agradecimiento.

33. Abbey es, por lo demás, un personaje ambivalente, su última novela *The Monkey Wrench Gang* y sus opiniones sobre las formas de protesta y la violencia son muy controvertidas. Aquí se trataba ante todo del género del ensayo subjetivo *El solitario del desierto*.

34. Walter Benjamin, «Über Sprache überhaupt und über die Sprache des Menschen», en *Metaphysisch-geschichtsphilosophische Studien, Gesammelte Schriften*, vol. II/1, Frankfurt, p. 151. [Traducción extraída de Benjamin, *Para una crítica de la violencia*, trad. de Roberto Blatt, Madrid, Taurus, 1991].

35. La frase absurda «decir lo que es» siempre ha sido tan simple como llana. No solo niega todas las preguntas epistémicas complejas sobre cómo pue-

de haber certeza de lo que es verdad, cómo se puede reflexionar sobre todos los sesgos y prejuicios propios que pueden distorsionar nuestra capacidad de juzgar, sino que, además, oculta la tarea de lo narrativo en sí. Por supuesto, hay una variedad de géneros, técnicas, lenguajes formales, metáforas y analogías y ritmos con los que se puede «decir» algo. Resulta bochornoso que este eslogan siga siendo citado con tal desparpajo como si pudiera captar algo de la tarea ética y estética de la narración fáctica.

36. Georges Didi-Huberman, *Sehen versuchen*, Constanza, 2017, p. 19. [Traducción propia].

37. Esther Kinsky, *Rombo*, Berlín, 2022. [Hay trad. cast.: *Rombo*, Cáceres, Periférica, 2023].

38. Esther Kinsky, *op. cit.*, p. 55. [Traducción propia].

39. Para dar un ejemplo completamente diferente: es magnífico cómo el director Christian Petzold, en su película *Roter Himmel* [«El cielo rojo»], no solo representa los incendios forestales como una catástrofe que se va acercando, que no aparece como algo repentino, sino que los describe como una presencia permanente del peligro. Siempre está ahí. Dibuja círculos cada vez más pequeños. Todo el mundo puede ver lo que pasa, pero no hay reacción alguna, no hay discernimiento. En la película, este hecho conforma el trasfondo de los personajes y de sus conflictos. Al mismo tiempo, Petzold toma el personaje de Leon para hablar de alguien que siempre está paralizado, que no puede decidirse,

que siempre está insatisfecho y se compadece de sí mismo, que está colgado, en su trabajo, en sus relaciones. Leon se enreda consigo mismo, se priva de todas las oportunidades de actuar. Y busca excusas. Al principio, no se relaciona lo uno (los incendios forestales) con lo otro (la parálisis de Leon). Son las disputas personales y las dinámicas entre los personajes las que te cautivan. Poco a poco, ambos motivos se fusionan y se condensan en una crítica desgarradora de la autoinhibición frente a la destrucción.

40. Hannah Arendt, *Vita Activa oder: vom Tätigen Leben*, Múnich, 1967/1981, p. 166. [Hay trad. cast.: *La condición humana*, Barcelona, Paidós, 2005].

Este libro
se terminó de imprimir en
Fuenlabrada, Madrid,
en el mes de mayo de 2025

«Para viajar lejos no hay mejor nave que un libro».

EMILY DICKINSON

Gracias por tu lectura de este libro.

En **penguinlibros.club** encontrarás las mejores
recomendaciones de lectura.

Únete a nuestra comunidad y viaja con nosotros.

penguinlibros.club

 penguinlibros